岭·南·新·汤·王
教你煲靓汤

看节气喝靓汤

佘自强亲传弟子和主要学术继承人
广东省人民医院中医科副主任医师 | 林举择 著

秋|季|篇

全国百佳图书出版单位

化学工业出版社
·北京·

广东有句俗语："宁可食无菜，不可食无汤。"广东靓汤是一种美味可口的传统名肴，是中医药膳食疗体系的一个分支，具有浓郁的岭南中医药文化特色。广东靓汤除了有佐餐的功能，还具有养生、治未病和辅助调理各种疾病的作用。

本书是林举择医师在继承佘自强药师的学术思想和经验的基础上，融入自己多年的临床经验和生活理念撰写而成。顺应秋季立秋、处暑、白露、秋分、寒露、霜降6个节气，介绍了90道应季靓汤汤谱，在不同节气，指导大家烹饪不同的靓汤来养生健体。每道汤谱均有详细的养生功效分析、制作方法介绍，并配有清晰精美的图片。书后还附有靓汤常用食材与药材的原料图，帮助读者识别与购买煲汤材料。

图书在版编目（CIP）数据

看节气喝靓汤．秋季篇 / 林举择著 .—北京：化学工业出版社，2020.6
ISBN 978-7-122-36377-0

Ⅰ. ①看… Ⅱ. ①林… Ⅲ. ①保健 – 汤菜 – 菜谱
Ⅳ. ① TS972.122

中国版本图书馆 CIP 数据核字 (2020) 第 039555 号

责任编辑：王丹娜 李 娜 文字编辑：吴开亮
责任校对：王素芹 装帧设计：子鹏语衣

出版发行：化学工业出版社（北京市东城区青年湖南街 13 号 邮政编码 100011）
印 装：北京宝隆世纪印刷有限公司
787mm×1092mm 1/16 印张 9½ 字数 250 千字 2020 年 9 月北京第 1 版第 1 次印刷

购书咨询：010-64518888 售后服务：010-64518899
网 址：http://www.cip.com.cn
凡购买本书，如有缺损质量问题，本社销售中心负责调换。

定 价：68.00 元

序 言 一

　　合理的饮食是维持健康必不可少的前提条件之一。通过日常的饮食调理可以逐渐纠正体质偏颇，进而在一定程度上起到预防疾病和辅助治疗疾病的效果。所以自古以来，药食同源、食疗养生都是众多医家推崇的简单易行的养生方法。再加上食疗的效果温和，副作用小，易于被人们接受，因而历来受到大家的喜爱。

　　平常我们说的"食疗"，主要是指中医饮食疗法，它是中医学的重要组成部分。临床上，高明的医生一般会在疾病的不同阶段或多或少地应用食疗来作为辅助治疗手段，更好地促进患者的身心康复。正如被后人尊称为"药王"的孙思邈所说："夫为医者，当须先洞晓病源，知其所犯，以食治之，食疗不愈，然后命药。""若能用食平疴，释情遣疾者，可谓良工。"

　　岭南地区位于我国南端，濒临海洋，具有不同于中原地区的独特地理环境和自然气候。这些气候、环境和人文等因素对广东人的体质形成、疾病发生与转归均有着较大的影响。所以岭南派的医家比较重视民众的日常食疗，用食疗来"治未病"，调理偏颇体质。如邓铁涛、褟国维、周岱翰等国医大师就善用药食两用的南药来设计食疗处方，推荐给患者作为辅助治疗之用。时至今日，岭南地区的人们也会在日常生活中应用药食两用之品来煲汤饮用，以应对气候转换给人带来的健康侵害。所以，广东汤可以说是岭南地区中医养生文化的精髓所在。

　　林举择医师是我的博士研究生，其钟爱岐黄之术，刻苦钻研，多年来一直在公众媒体大力宣讲和传播中医药健康科普知识。林医师原创设计的广东汤谱包含了中医"君臣佐使"的组方理念，几乎都选用了药食两用的中药材，特别是道地南药，并结合不同节气的气候特点和大众的体质特点来帮助大家调养身体，保持体内气血阴阳的相对恒定，从而达到中医所说的"阴平阳秘"的健康状态。

衷心希望这套丛书能获得大家的喜爱，更乐于看到该丛书中所记载的一个个汤方可以滋养一代又一代的国民大众，为大家的身心健康做出贡献。欣慰之余，是以为序。

医学博士、主任医师

广州中医药大学第一附属医院副院长

广州中医药大学教授、博士生导师

享受国务院政府特殊津贴专家

国家中医药管理局重点学科学术带头人

2020年3月

序 言 二

　　药膳是中国传统医学和饮食文化共同孕育的珍宝，几千年来，在中华民族防病治病的过程中发挥了巨大的作用。在中医理论指导下，可以根据不同的病证，辨证选用不同的药物、食物或药食两用之品，做到因时、因地、因人制宜。所以，中医药膳既是餐桌上的美味佳肴，又是防病治病的有效措施之一。

　　广东汤又称广府汤，是一种美味可口的汉族传统名肴，属于粤菜系，还是中医药膳食疗体系的一个分支，具有浓郁的岭南中医药文化特色。广东人喝广东汤的历史由来已久，传承了数千年，这与岭南地区独特的气候、地理、风俗、人文特点和营养观念等因素均有密切的关系。该地区天气炎热、气候潮湿，所以广东人的体质常表现出"上焦多浮热""中焦多湿蕴""下焦多寒湿"的特点。人们迫切需要一种简便灵验的方法来调理身体，让自己更好地适应岭南地区的气候变化。这样一来，既有药补之效，味道又鲜美的广东汤便满足了人们的食补养生需求。所以日常煲汤饮汤就成了广东人生活中必不可少的一项内容，当仁不让地成了广东饮食文化的标志。就连广东民间俗语都有"宁可食无菜，不可食无汤""粤人无汤不上席，无汤不成宴"的说法。先上汤，后上菜，几乎成为广东宴席的既定格局。

　　从专业上讲，广东汤的汤谱设计十分讲究，要"辨证施膳"。而且什么节气喝什么类型的汤亦有讲究，要因时制宜，很有学问。所以广东人喝的汤会随着季节转换，按节气更迭而变化。遗憾的是，现在很多年轻的广东人或者来广东生活工作的"新广东人"对广东汤的文化、汤谱设计、因时制宜、烹饪制作、饮用宜忌等知识所知甚少，还需要专业人士和专业书籍来科普和指导。

林举择医师是我的学术继承人之一，他是新中国成立以来，我国第一批中医养生康复学专业的大学毕业生，多年来喜爱研习中医养生文化，注重理论联系实践，尤其在药膳食疗领域十分擅长。林医师还是已故的"岭南汤王"余自强药师的关门弟子，多年来继承了其师的学术思想和经验，经常不遗余力地推广和普及中医养生文化和药膳食疗知识，被广东民众赞誉为"第二代岭南汤王"。近日喜闻林举择医师的新作即将付梓并于全国发行，阅罢书稿，发觉此套丛书有三大特色：

　　一是文字通俗易懂，中医专业知识深入浅出，且图文并茂，可读性强。

　　二是重点突出了广东汤因时制宜的养生保健优势。在不同时令，指导大家烹饪不同的节气靓汤来养生健体。即便是对广东汤了解不多的人群，亦可以"按图索骥"来"对号入座"，制作方法简单便捷。

　　三是内容全面，一应俱全。在书中作者既分享了每个季节的养生智慧，又推荐了适合每个节气饮用的食疗靓汤。每款靓汤不仅介绍了该款汤品的设计理念，还详细介绍了该款靓汤所需的材料、关键烹饪步骤、进饮讲究和养生功效，十分详细。

　　这套丛书将中医的理、法、药、食融于一体，根据中医养生学说、药物和食物的四气五味等理念，参考现代营养学知识，并结合了林举择医师多年的临床经验编写而成，具有浓郁的岭南中医药文化特色，也进一步丰富了岭南中医食疗学的内容。

　　最后，衷心祝愿这套丛书能助力广大读者朋友的身体健康！乐见于此，是为序。

广东省名中医

全国老中医药专家学术经验继承工作指导老师

广东省人民医院中医科主任、主任医师

广州中医药大学、南方医科大学、华南理工大学医学院博士生导师

2020年3月

前　言

俗话说："一方水土养一方人。"不同的气候与地理环境会造就不同的地域特点，形成不同的饮食风格。例如，我们讲到兰州，就会想到一碗兰州拉面；讲到四川，就会想到麻辣火锅；去了山西，不自觉地吃东西都要加点醋；而去了新疆，当然少不了烤全羊……如果大家来到广东，就一定要喝上一碗根据节气特点而用不同汤料、具有不同养生功效的地道广东靓汤了，广东汤可以说是广东最接地气的岭南地域文化特色之一了。

广东汤的历史非常悠久，它是中医药膳食疗学的一个分支，具有浓郁的岭南中医药文化底蕴和特色。广东汤与广东凉茶、广东糖水、广东药酒等都渗透着中医药文化，一直以来在中华民族的防病治病、养生保健中起着非常重要的作用。日常生活中，广东人无汤不上席，无汤不成宴，无论春夏秋冬都离不开功效各异的汤水。

春宜养肝，要祛湿解困。广东的春天湿气较重，要祛湿除困。春天时广东民间会煲什么汤呢？比如春韭滚泥鳅汤、绵茵陈蜜枣鲫鱼汤等，都是常见的具有养肝助阳、祛湿除困功效的汤水。

夏宜养心，要清热消暑。夏天时广东民间都喜欢滚瓜汤，因为瓜汤可以清热消暑、养阴生津。另外，民间还有"春吃芽，夏吃瓜"的说法。瓜的水分多、热量低，适合大多数人食用，所以广东人一到夏天都喜欢滚瓜汤来调理自己身体，预防暑热疾病。

秋宜养肺，要滋阴润燥。一到秋天，广东的百姓就会用霸王花、无花果、白菜干、雪花梨或青橄榄来炖猪肺，具有很好的润肺止咳和滋阴润燥的作用。

冬宜补肾，要固本培元。一到冬天，广东人，特别是中老年人就会炖一些有温补功效的汤水饮用。民间所说的"冬来进补，来年打虎"，也体现了中医季节养生的理念。

正如国医大师禤国维在对广东汤的评价："广东汤具有选材用料广泛、烹汤方式多样、突出四时特点、因材施法、适时而烹的特色。它与其他地方的汤饮相比，除了有佐餐的功能外，更重要的是有养生、治未病和辅助调理各种疾病的作用，且历经日积月累，蔚为大观。"

"岭南新汤王教你煲靓汤"丛书是我笔耕三年有余，在继承吾师"岭南汤王"佘自强药师的学术思想和经验的基础上，融入自己多年的临床经验和生活理念撰写而成。整套丛书以二十四节气为主线，每个节气都介绍了适合家庭饮用的汤谱，所用食材也比较常见，同时兼顾了南北方老百姓的体质特点和饮食习惯。所选用的靓汤没有明显的地域限制，且一家男女老少皆可放心煲来食用。

有健康才有未来，才能创造更大的财富和成就。而健康的身体来源于日常养生的点点滴滴。衷心希望我所撰写的"岭南新汤王教你煲靓汤"丛书能为大家的身体健康出一份力，也能够让更多的节气养生广东靓汤"飞入"全国寻常百姓家。

2020年3月

目 录

contents

秋季养生智慧   001

秋季，人们烦躁的情绪逐渐平静，但许多因素往往影响着您的健康，且夏季过多的耗损也应在此时及时补充。在秋季应特别重视"四防一养"，即防秋乏、防秋燥、防秋膘、防秋悲、坚持秋养。

立秋

公历
8月7、8
或9日

第一章

霜降

Hour Frost Falls.

秋季养生智慧

我国传统时令上的秋季是指中国农历七、八、九月，包括立秋、处暑、白露、秋分、寒露、霜降六个节气。但在我国南方湿热的地区，农历七、八月份还属于长夏气候，一直要到农历九月以后人们才开始感觉到秋季的真正到来。

秋季，气温逐渐降低，雨量减少，空气湿度相对降低，气候偏于干燥，且秋季景色怡人，人们烦躁的情绪也随之平静。但许多因素往往在不经意间影响着人们的健康，且夏季过多的耗损也应在此时及时得到补充。此时，"秋乏、秋燥、秋膘、秋悲"也正向我们走来，如果保养不当，也会增添许多身心的烦恼。所以提倡大家在秋季应特别重视"四防一养"。

防秋乏

告别了炎夏，迎来了天清气爽的秋天，人们感到比夏天要舒服得多了。可是，一些人会有困倦疲乏的感觉，这种现象被人们称为秋乏。秋乏是补偿夏季人体超常消耗的保护性反应。首先，要进行适当的体育锻炼，如散步、爬山等都是很好的选择，但开始时强度不宜太大，应逐渐增加运动量，如果过度运动，将会增加身体的疲惫感，反而不利于身体恢复。其次，尽可能有充足的睡眠，少熬夜。再次，饮食宜清淡平补，避免油腻；多吃富含维生素的食物，如胡萝卜、藕、梨、蜂蜜、芝麻、木耳等；此外，尤其注意不能像夏季一样多食清热寒凉或者冰冻食物，以免苦寒伤害中焦脾胃，加重秋乏的症状。

防秋燥

秋天干燥的气候，使人常感到口鼻咽喉干燥以及发生干咳，又因肺与大肠相表里，秋令还常出现大便燥结的症状。此外，秋燥还可导致皮肤干裂、口腔溃疡以及毛发脱落等。强调顺应秋季的自然特性来养生，即润燥保肺，可起到事半功倍的效果。

温燥与凉燥同属秋燥，而秋令主肺，肺主皮毛，温燥、凉燥都可以通过口鼻、咽喉和肌表而侵袭人体。所以，防止秋燥，首先要注意补充水分，每天最好喝7~8杯开水；秋季饮食以滋阴润肺、防燥护阴为基本原则，除了可以多吃一些白色的食物，如白萝卜、藕、大白菜、山药等，还可多吃应季的果蔬，如梨、苹果、葡萄、香蕉及绿叶蔬菜等以助生津防燥，少吃辣椒、芥末、姜、蒜等辛辣燥烈之物。中老年人在秋季洗澡不宜过勤，每周洗1~2次为宜，每次不超过半小时，水温在37℃左右；不宜用碱性肥皂洗澡，应选用刺激性较小的肥皂等，这样可以防止皮肤的干燥瘙痒。

防秋膘

为什么秋季要防秋膘？

因为夏天天气炎热，能量消耗较大，人们普遍缺乏食欲，造成体内热量供给不足。到了秋季，天气转凉，饮食会不知不觉地过量，使热量的摄入大大增加，再加上宜人气候，让人睡眠充足、汗液减少。另外，为迎接寒冷冬季的到来，人体内还会积极地储存御寒的脂肪，身体摄取的热量会多于消耗的热量。在秋天，人们稍不注意控制，体重就会增加，这对于本来就肥胖的人来说更是一种威胁。所以，肥胖者在秋季更应注意合理减肥。

首先，应注意饮食的调节，多吃一些低热量的纤体食品，如赤小豆、白萝卜、薏苡仁、海带、蘑菇、芹菜、竹笋等。

其次，在秋季还应注意提高热量的消耗，有计划地增加户外活动。秋高气爽，正是外出旅游的大好时节，游山玩水既可使心情舒畅，又能增加活动量，达到身心同调的目的。

防秋悲

秋季是收获的美好时节，但也是万物逐渐凋谢、呈现衰败景象的季节，这对个人的情绪和心情有一定影响。所以秋季除了身体上的养生，情志养生也很重要。

入秋后，日照时间变短，黑夜延长，人的情绪难免消沉低落，再加上大自然中逐渐草木枯萎、叶凋落，往往使人触景生情、多愁善感。特别是独居的老人、疲于奔命的上班族和更年期妇女，常会在秋季傍晚时分感到凄凉，产生忧郁、悲伤等负面情绪。悲和忧属于秋季的大忌。忧是对某种未知的、不愿其发生的事情而担心，从而形成一种焦虑、沉郁的状态；悲就像秋风扫落叶的凄凉，毫无生机，使气机内敛。过度悲伤不仅耗伤肺气，还会出现面色无华、意志消沉、气短胸闷、乏力懒言等证候。

《黄帝内经·素问·举痛论》中说："悲则心系急，肺布叶举，而上焦不通，营卫不散，热气在中，故气消矣。"肺为娇脏，秋季干燥，肺脏虚弱，悲伤会让情况雪上加霜，所以要用积极乐观的情绪取而代之。因此，要注意调养情志，学会调适自己，要保持乐观情绪，保持内心的宁静；适当延长夜间睡眠时间，早睡早起；经常和朋友或家人谈心，或到公园散步；适当看看电影、电视；或养花、垂钓等，这些都有益于修身养性和陶冶情操。

坚持秋养

秋养是指在秋天进行合理的饮食调养、生活起居和情绪管理。

秋天是收获的季节，五谷杂粮、蔬菜水果等大量成熟上市。《黄帝内经》中指出"五谷为养，五果为助，五菜为充，气味合而已之，以补益精气"。秋季养生就要养阴敛阳。辛辣的食物主发散，会外散阳气，而适量酸味的食物可以帮我们养阴和收敛体内阳气，所以减辛增酸的饮食法则可生津润燥，有助于秋季食疗。除此之外，秋季气候干燥，应适当多饮些开水、淡茶、汤饮、豆浆以及牛奶等，还应多吃些山药、玉米、芝麻、青菜、柚子、香蕉、蜂蜜、大枣等柔润之品。

合理的生活起居同样也是大家的秋季养生良方。《黄帝内经·素问·四气调神大论》指出，秋天为"天气以急，地气以明"，大地处于收容平定状态的季节。为了顺应天地自然，建议大家早睡早起。白天工作劳动锻炼要适度，晚上娱乐更不能持续至深更半夜，每天至少保证睡眠6~8小时。

俗话说："秋风秋雨愁煞人。"秋季还应笑口常开，尽量保持心情舒畅。此时，在精神行为上要使神志安宁，收敛神气，使肺气清降，避免秋天肃杀之气的侵害。如此不但能保养肺气，还可以去除抑郁、消除疲劳、解除胸闷、恢复体力。这些都是适应秋季的养身之道，如果反其道而行之，将会损伤肺气，到了冬天，还会发生"飧泄"的疾病，如此就"奉藏者少"了。

关于秋天的养身之道，丘处机在《摄生消息论》中还提醒："但春秋之际，故（旧）疾发动之时，切需安养，量其自性将养。"又说："又当清晨，睡觉（醒来）闭目叩齿二十一下，咽津，以两手搓热熨眼数次，多于秋三月行此，极能明目。"这些，都可供大家作为秋季养生的参考。

第一章

立秋

（公历8月7、8或9日）

鸡枞菌煲珍珠鸡汤

　　鸡枞菌是云南的著名特产，只产于云南每年的 7、8 月雨季。因肥硕壮实、质细丝白、鲜甜脆嫩、清香可口，可与鸡肉相媲美，故名鸡枞菌。鲜鸡枞菌味甘，性平，味道鲜美，清香中透着甘甜，炒食、清蒸、煲汤皆清香四溢、鲜甜可口，能令人食欲大增，有健脾胃的功效，而且对人体有非常好的滋补作用，是体弱、病后者和老年人的佳肴。

　　珍珠鸡肉质细嫩、营养丰富、味道鲜美。与普通鸡肉相比，其蛋白质含量较高，而脂肪和胆固醇含量很低，是一种适合养生保健的禽类。

　　用来自云南的山珍——鸡枞菌，搭配养生健体功效的禽类——珍珠鸡，合而煲汤，味道香醇、口感鲜美，是一款非常适合体虚和抵抗力下降人群的养生保健汤饮。

 制作

1. 将珍珠鸡切大块；瘦肉切大粒状；两者飞水备用。
2. 将所有主料放入瓦煲，加入清水 2500 毫升左右（约 10 碗水）。
3. 先用武火煮沸，再调文火慢熬 1.5 小时，加入适量食盐温服即可。

主料

鲜鸡枞菌 100 克
剖好的珍珠鸡 1 只
（约 1000 克）
瘦肉 100 克
生姜 2 片

鲜鸡枞菌

注：1. 本书中，制作汤饮所用到的油、盐、生抽、生粉等调料为家庭常备之物，故未列入主料中。

　　　2. 本书中主料图为示意图，具体数量和重量以文字为准。

分量
4~5 人份

功效
健脾益胃
扶正补虚

节瓜芫荽滚杂鱼汤

　　节瓜又名毛瓜，是冬瓜的一个变种，盛产于中国南方地区。《本草纲目》中记载："节瓜味甘，性平，能生津，止渴，解暑湿，健脾胃，通利大小便。"根据植物药理，节瓜乃最适合体虚者或者大病初愈者的食物，因为其营养价值较一般蔬菜高，并且各种营养成分均匀，人休又非常容易吸收。

　　芫荽又名香菜，是药食两用之品，气味浓郁芬芳，有助于醒脾开胃和去鱼腥味。更重要的是，芫荽还有发汗透疹、祛风解表的功效，对于小儿麻疹应出不出或疹出不透，或者外感风寒的人都有非常好的辅助治疗作用。

　　将二者与鱼合而滚汤，不仅鲜美可口、清润有益，而且还有预防初秋流行性感冒和辅助治疗小儿麻疹的功效。

制作

1. 将节瓜洗净，去瓜皮，切小片；杂鱼去肠肚，宰洗净，晾干；芫荽切小段；生姜切丝备用。
2. 先起油锅，将杂鱼煎至微黄，加入几滴料酒。
3. 加入生姜丝和清水1500毫升左右(约6碗水)，用武火滚沸后，放入节瓜片，滚至刚熟。
4. 放入芫荽段，加入适量食盐温服便可。

主料

芫荽

杂鱼(几种小海鱼)
若干条约500克
节瓜500克
芫荽30克
生姜4片

杂鱼

分量
3~4人份

功效
可口开胃
清润有益

凉瓜黄豆鲜鲍煲筒骨汤

中医认为，秋季对应人体脏腑的肺。立秋之后，暑热渐减，秋意渐浓，饮食上应以滋阴润肺为主。但是，广东地区的入秋普遍要延后2个月左右，即要到10月初，现时的广东地区其实仍然处于长夏，气候特点是暑热的末段。所以我们结合广东地区的气候特点，因地制宜，日常的饮食养生仍然要清暑热为主，但清热的力度要减少，同时要培土生金，顾护脾胃，兼以滋阴养肺。根据现时节气的养生要点将一款时令靓汤推荐给大家——凉瓜黄豆鲜鲍煲筒骨汤。

凉瓜有清热消暑的功效；黄豆、生姜和白胡椒可以顾护中焦脾胃；鲜鲍鱼有滋阴补益、使味道鲜美的作用。因为凉瓜、黄豆有消脂吸油的作用，为了进一步提升汤味，我们选用了稍稍油腻的猪筒骨入汤。它们合而为汤，在清热下火的同时还能够益胃滋阴，是男女老少皆宜的初秋养生靓汤。

制作

1. 将凉瓜去瓤切大块；黄豆隔夜浸泡；鲜鲍鱼去壳，洗净；猪筒骨斩段飞水；白胡椒粒拍碎。
2. 将所有主料放入瓦煲，加入清水2500毫升左右（约10碗水）。
3. 先用武火煮沸，再调文火慢熬1.5小时，加入适量食盐温服即可。

主料

凉瓜 400 克

黄豆 60 克

鲜鲍鱼 4 只

猪筒骨 500 克

生姜 4 片

白胡椒 5 粒

鲜鲍鱼

凉瓜

分量
4~5 人份

功效
清热下火
益胃滋阴

水蟹肉片滚冬瓜汤

　　我们把螃蟹和冬瓜结合在一起，做成了一道时令美味的鲜汤——水蟹肉片滚冬瓜汤。汤中的冬瓜吸收了螃蟹的鲜味，既提高了冬瓜的甘甜口感，也让螃蟹里沁入了冬瓜的清香，一举两得。

　　水蟹味咸，性寒，有清热、祛湿、解毒和养筋活血、通经络的功效。水蟹加冬瓜本来就是很鲜美的组合，再加上平和补益的瘦肉片，此汤汤味鲜甜浓郁、可口开胃，是长夏季节一家大小皆可用来开胃消暑的养生靓汤。

制作

1. 将水蟹宰后洗净，斩块，蟹爪用刀背敲碎。
2. 冬瓜去皮切片，瘦肉切片。
3. 将所有主料放入瓦煲内，加入清水 2000 毫升左右（约 8 碗水）。
4. 先用武火煮沸，再调文火慢熬 1 小时，加入适量食盐温服即可。

主料

水蟹

水蟹 300 克

冬瓜 500 克

瘦肉 150 克

生姜 3 片

冬瓜

分量
3~4 人份

功效
养阴清热
凉血散结

分量
4~5 人份

功效
清热消暑
开胃生津

老鼠瓜滚金银蛋汤

在广州市，尤其是白云区和小洲村一带，农家的屋前檐下都会挂满一种特有的攀藤瓜，外形像老鼠，被戏称为"老鼠瓜"，白云区的农家又称之为"蒲达"。其实这种瓜的外形非常可爱，瓜身肥嘟嘟的，瓜蒂尖尖的，非常形似小老鼠。

老鼠瓜多生于春长于夏，其瓜常由绿变黄，再变微红。农家在夏日常以绿果煲汤，以黄或微红的果滚汤。如果用来煲汤饮用的老鼠瓜就不用刨皮，但如果用来炒食的老鼠瓜就要刨瓜皮了。因老鼠瓜还有清热、消暑、生津止渴的功效，所以可用于糖尿病患者的辅助治疗。

这款老鼠瓜滚金银蛋汤，食材简单，汤味清淡鲜甜、可口甘润，入口又醒脾开胃，暑热天时一家老少饮用非常适合。加上老鼠瓜还具有祛湿利水的食疗功效，平日感觉乏力嗜睡的人、久处空调房的上班族可以多喝这道汤。

主料

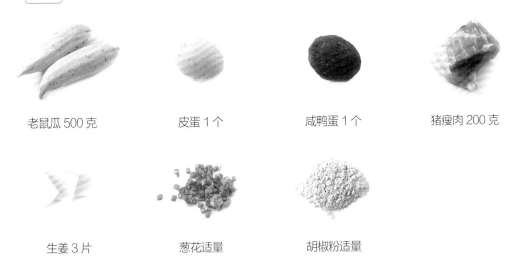

老鼠瓜 500 克　　　皮蛋 1 个　　　咸鸭蛋 1 个　　　猪瘦肉 200 克

生姜 3 片　　　葱花适量　　　胡椒粉适量

制作

1. 将老鼠瓜洗净，不用刨皮直接切片；皮蛋、咸鸭蛋切碎；生姜切成丝。
2. 将猪瘦肉洗净后切成薄片，用少许花生油、生抽和生粉稍腌制片刻。
3. 锅里加入清水 2500 毫升左右（约 10 碗水）和生姜丝一起用武火煮沸。
4. 放入猪瘦肉片搅拌开，再依次加入双蛋碎末、老鼠瓜片，稍滚 3 分钟。
5. 加入葱花和适量食盐、花生油、胡椒粉即可。

生地蜜枣煲水蟹汤

　　在北方，人们吃海鲜一般都是蒸、煮、炒，海鲜本身的肉并不多，鲜味随着烹饪也流失了不少。而南方人为了吃到原汁原味的海鲜，常会采用白灼、滚汤或者煲汤的方法烹饪。之前我们就尝试了用水蟹与冬瓜同煲，味道很清甜、鲜美；水蟹还可以与生地黄和蜜枣一起煲汤，以加强疗效。

　　生地黄味甘、苦，性凉，入心、肝、肾经，有清热生津、滋阴凉血的功效。《神农本草经》说用它"作汤除寒热积聚、除瘿"。临床常用生地黄治疗阴虚发热、消渴、血热出血、血热发斑和阴亏便秘等病症。

　　水蟹与生地黄一起煲汤，是民间常用于温热病后期调理身体的食疗汤品之一。《本草纲目》亦有记载用蟹汤食疗的内容，谓"盐蟹汁，治喉风肿痛"。在水蟹汤中再加入蜜枣以滋润补中。三者合而为汤，共奏滋阴养血而润燥、清热凉血而散结之功。除了用作时令养生汤品，还能辅助治疗因阴虚结所致的咽喉肿痛、淋巴结肿大和阴虚血燥所致的痈疮肿毒、皮疹瘙痒等病症。

　　需要注意的是，脾虚腹满便溏、胃寒湿困者不宜多饮用本汤品。

制作

1. 将水蟹宰后洗净。
2. 将所有主料放入瓦煲内，加入清水 2000 毫升左右（约 8 碗水）。
3. 先用武火煮沸，再调文火慢熬 1 小时。
4. 关火前 10 分钟左右可加入一汤匙黄酒（效果和味道更佳），加入适量食盐温服即可。

主料

水蟹约 300 克
生地黄 50 克
蜜枣 2 枚
生姜 3 片

水蟹

生地黄

分量
3~4 人份

功效
养阴清热
凉血散结

鲜莲子灯心草炖猪腱子肉汤

　　高温闷热的天气里，小孩子容易发生食欲缺乏、舌苔黄厚，白天比较烦躁，晚上睡眠欠佳、说梦话的现象。中医认为这是小朋友在长夏季节脾虚夹湿热、心火燥扰动心神所致，治疗上重在健脾祛湿、清心降火。

　　中医学认为莲子益心脏、厚肠胃、强筋骨；而现代医学研究亦都表明莲子所含的钾元素为所有的植物食品之冠，对维持肌肉的兴奋性、心律和各种代谢有重要的作用。灯心草药味甘、淡，自古就是儿科常用中药，可安心神、清心热。但灯心草和鲜莲子对于体弱的小朋友来讲，就稍微有点寒凉，所以用补脾温胃的猪腱子肉来搭配，再用清炖的方式来烹制靓汤。

　　这道汤味道鲜美可口，小朋友容易接受，对于脾虚夹湿热、心火燥导致睡眠不安的儿童尤其适合。

制作

1. 将所有主料放入炖盅，加入清水 500 毫升左右（约 2 碗水）。
2. 加盖后隔水炖 2 小时，加入适量食盐温服即可。

主料

带心鲜莲子 50 克

灯心草 4 扎（约 4 克）

猪腱子肉 100 克

生姜 1 片

带心鲜莲子

灯心草

分量
2~3 人份

功效
健脾祛湿
清心降火

分量
3~4 人份

功效
益气解暑
健胃祛湿

蒲瓜冬菜滚鲩鱼尾汤

　　蒲瓜是大家非常喜爱的瓜菜。蒲瓜性平，味甘，入口爽滑，主要有消暑生津、清心除烦、利尿祛湿的功效。蒲瓜不像苦瓜的食性那么寒凉，在夏天可多吃，适合各种体质的人士，能清热生津、败火解毒和利尿通淋。现代营养学研究也发现，蒲瓜的热量较低，水分含量高达95%，富含蛋白质与钙质，能强化骨骼、牙齿，尤其适合发育期的青少年食用。

　　冬菜是以大白菜等加工而成的腌制品，因加工腌制在冬季，所以叫"冬菜"，其具有清香鲜美的味道，是解腻、增鲜、佐餐的佳品。广式的滚汤中常会加入少许冬菜，为的就是令汤品更加鲜美、可口。而汤中最后加入的少量胡椒粉和香菜，既可去除鲩鱼尾的腥味，又保持了鲩鱼尾的鲜嫩爽滑，还能够温中和胃、保护胃肠。

　　这款靓汤以蒲瓜、冬菜搭配滋补益胃的鲩鱼尾一起滚汤食用，汤性平和，清补兼施，是时下的大众化家庭靓汤，几乎适合各种体质的人饮用。

蒲瓜500克　　　　冬菜2汤匙（约40克）　　鲩鱼尾1条（约500克）　　　生姜3片

胡椒粉适量　　　　香菜适量

制作

1. 将蒲瓜去皮、切片；鲩鱼尾洗净、去鳞。
2. 起油锅，加入生姜片和鲩鱼尾，将鲩鱼尾煎至两面微黄。
3. 加入清水2000毫升左右（约8碗水），用武火煮沸。
4. 依次放入蒲瓜片、冬菜滚至熟。
5. 根据个人口味加入适量胡椒粉和香菜稍滚片刻即可。冬菜咸味稍重，进饮时可不加盐或少加盐。

马蹄菱角丝瓜羹

菱角生长在湖泊里，每年 8、9 月份成熟，是一年生草本水生植物，民间又称"水中落花生"。菱角味甘、涩，性凉，有消暑生津、补脾益气、强腰膝、健气力的功效。现代研究发现，多吃菱角对防治消化道恶性肿瘤有一定的食疗功效，特别是食管癌和胃癌。

马蹄食之软糯香口，适合做羹汤。现代营养学研究发现，马蹄中含有一种"荸荠英"，这种物质对黄金色葡萄球菌、大肠杆菌、产气杆菌及绿脓杆菌均有一定的抑制作用，对降低血压也有一定效果。

我国自唐代就有丝瓜，是夏季的主要蔬菜之一。其有凉血解热毒，活血脉，通经络，祛风化痰，除热利肠和下乳汁等妙用。再加上丝瓜煮熟后口感绵软滑嫩、味道清甜，也非常适合用作羹汤之用。

此羹味道清甜可口，且易消化吸收，有清热生津、消暑下火的功效，对于夏季暑热伤津的儿童和发热患者最宜。此外，对糖尿病、食道癌或者肿瘤放疗后症见口干多饮、消瘦食欲差、大便干结者，也有很好的辅助治疗作用。

制作

1. 将马蹄去皮洗净，切粒状；菱角去壳取肉，切成小块；丝瓜去皮，切成丝。
2. 在生粉中加入少量清水调成芡备用。
3. 在锅里加入清水 1250 毫升左右（约 5 碗水），用武火煮沸。
4. 放入马蹄粒、菱角块，边煮边搅拌 3 分钟左右，再加入丝瓜丝煮沸。
5. 兑入芡，在锅内搅拌均匀至熟，加入适量食盐、花生油即可。

主料

马蹄 100 克
菱角 300 克
丝瓜 1 根约 200 克

马蹄

菱角

分量
3~4 人份

功效
清热生津
消暑下火

黄豆芽节瓜煲猪舌汤

　　黄豆芽是一种营养丰富、味道鲜美的蔬菜，含有较多的植物蛋白质、多种维生素和矿物质等，男女老幼都适合食用。黄豆芽味甘、淡，性凉，主要有利水祛湿、清热通便、预防心脑血管硬化和辅助利尿降血压的食疗功效，适宜胃中积热者、肠道湿热便秘者，以及患有肥胖症、高血压、心脑血管动脉粥样硬化等的人群经常食用。

　　节瓜又称为毛瓜，是冬瓜的一个变种。从中医食疗的角度来看，节瓜比冬瓜更适合现代人的体质，就是因为相较于冬瓜的寒凉，节瓜食性不寒不热、很有"正气"，亦是体虚者或病初愈者非常适合食用的瓜蔬。

　　猪舌用来煲汤提鲜，还有一定补益气血和滋阴润燥的功效。暑热天时，人体气阴容易不足，多饮用猪舌汤正好符合"虚则补之"之原则。

　　此汤品富有营养、汤味清甜甘润，既是初秋时节的养生靓汤，也是肾脏病、水肿病、糖尿病和肥胖症患者很好的辅助治疗汤水。

制作

1. 将黄豆芽洗净，晾干水分；节瓜去皮，切去蒂后切成大块；陈皮浸泡软后刮去白囊。
2. 将猪舌洗净，放入沸水中煮 5 分钟左右，取出，刮去舌苔，冲洗干净后切片。
3. 将除黄豆芽之外的其余主料一起放入瓦煲内，加入清水 2000 毫升左右（约 8 碗水），用武火煮沸后改文火慢熬 1 小时。
4. 加入黄豆芽再滚 15 分钟左右，进饮时调入适量食盐即可温服。

主料

陈皮

黄豆芽 250 克

节瓜 600 克

猪舌 500 克

生姜 3 片

陈皮 5 克

分量
2~3 人份

功效
健脾祛湿
清心降火

竹蔗煲猪骨汤

　　虽然秋季在节气上已经来临，但夏天的暑气仍然未减，往后仍有一长段时间是暑热夹湿的天气，俗称"秋老虎"。在这段时间，汤饮方面仍要偏重于解暑生津、祛湿清热。竹蔗煲猪骨汤就非常清润解暑，而且简单易做。

　　竹蔗常被广东人用来煲汤，能清热泻火、润燥解毒。用它配宽中行气、健胃助消化的红萝卜和补益骨髓、滋润调燥的猪骨，则为时下老少皆宜的养生汤品。中国古代医家还将竹蔗列入"补益药"。中医认为，竹蔗入肺、胃二经，具有清热生津、下气润燥、润肺养胃的功效，用来治疗因热病引起的发热伤津、心烦口渴、反胃呕吐、肺燥咳嗽。此外，竹蔗还可以通便利尿，竹蔗汁还可以解酒毒。

制作

1. 将竹蔗洗净，去皮或留皮均可，切段；猪骨洗净后斩块，氽水备用。
2. 将所有主料一起放入瓦煲内，加入清水2000毫升左右（约8碗水）。
3. 先用武火煮沸，再改文火慢熬2小时左右，进饮时加入适量食盐调味即可。

主料

竹蔗 400 克
红萝卜 250 克
猪骨 500 克
陈皮 5 克
生姜 2 片

竹蔗

猪骨

分量
3~4 人份

功效
宽中行气
滋润调燥

青橄榄白萝卜煲芦根汤

中医认为"春捂秋冻"的养生方法是很重要的，特别是天气反复变化或者温差大时就要注意及时添减衣服。入秋之后，早、晚温差较之前夏季增大，加上暑热之气未完全消，一不小心就容易感冒。这种感冒在初起时表现为风寒为主，但很快就会化热，转化为以外感风热的证候为主，症见发热、微恶风寒、鼻塞、咽痛口干等。

夏末秋初是广东青橄榄成熟的季节。青橄榄性平，味甘，可清热解毒、生津除痰而利咽喉。白萝卜被认为是药食兼备的佳蔬之一，中医认为其能理气化痰、宣肺透邪。中药芦根性寒，味甘，入肺、胃经，具清热、生津、除烦、止呕的功效，常用于防治流行性感冒。

青橄榄与白萝卜及芦根合而为汤，有疏风清热、利咽止咳之功，用于风热感冒十分有效。若属风寒感冒、恶寒较甚者，可加生姜 4 片、鲜紫苏叶 2~3 片一起煲汤饮用。

制作

1. 将各物洗净；葱白切段；白萝卜削皮，切小块；青橄榄拍碎。
2. 将所有主料一起放入瓦煲内，加入清水 1500 毫升左右（约 6 碗水），先用武火煮沸后改文火熬煮 40 分钟左右，进饮时可放适量盐温服。

主料

白萝卜 300 克
葱白 20 克
青橄榄 6 枚
芦根 50 克

青橄榄

芦根

分量
3~4 人份

功效
疏风清热
利咽止咳

海参花煲水鸭汤

在日本，人们把雌性海参的肠和卵称为"海参花"。先用其沏茶、泡酒，然后再煨汤，或者把新鲜的海参花盐渍发酵制成参花酱，在市场上价格都很昂贵。

因为海参花属于海产品，所以它滋阴的作用是比较明显的，而讲到滋阴功效，水鸭肉亦是不错的选择。一般肉类食品多是温热性，而鸭肉最大的特点就是不温不热，有滋阴、清热、利水之功。所以夏秋容易燥热上火的季节不妨多吃鸭肉。海参花和水鸭合而为汤，能利水滋阴、补虚扶正，适宜一家男女老少饮用。

1. 将干品海参花先泡发开；将葱姜水加少许料酒煮沸，再放入海参花飞水备用。
2. 将水鸭宰洗干净，斩大块后飞水；猪瘦肉洗净后飞水，切成小方块。
3. 将所有主料放入瓦煲内，加入清水 2000 毫升左右（约 8 碗水）。
4. 先用武火煮沸，再调文火慢熬 2 小时，进饮时加入适量食盐温服即可。

主料

干品海参花 25 克

水鸭 1 只

猪瘦肉 200 克

生姜 3 片

干品海参花

分量
3~4 人份

功效
利水滋阴
补虚扶正

香菇莲藕煲墨鱼干汤

生莲藕性味甘寒，有养阴生津、润肺止咳、健脾益气、散瘀消肿、凉血止血、解酒、止呕的功效；熟莲藕则性味甘温，有健脾养胃、补心养血、生肌止泻、补五脏之虚、强壮筋骨的功效。现代营养学研究还发现，莲藕中含有大量的淀粉、维生素和矿物质，其营养丰富、清淡爽口，老少皆宜多食。

香菇是常见食用菌类，含有丰富的纤维素和天然的生物反应调节剂，有助于增强人体免疫力和预防疾病的发生。

墨鱼干是广东沿海一带常见的海干货，其性平，味甘、咸，老百姓常用来煲汤、煲粥食用，在增鲜的同时还有养血滋阴、补脾益肾的食疗功效。搭配上猪脷肉，取其滋补的作用，使这款汤饮鲜美无比，食之芳香甘润，一家老小亦可一同在秋季多饮用。

制作

1. 将墨鱼干隔夜浸泡，洗净后切块；鲜香菇和莲藕清洗干净，鲜香菇去蒂后切小块，莲藕刮皮后切小块；猪脷肉洗净，飞水后切块。
2. 将所有主料放入瓦煲内，加入清水2500毫升左右（约10碗水）。
3. 先用武火煮沸后改文火慢熬2小时，进饮时加入适量食盐温服即可。

主料

莲藕

鲜香菇 150 克
莲藕 600 克
墨鱼干 150 克
猪脷肉 250 克
生姜 3 片

墨鱼干

分量
3~4 人份

功效
益气健脾
养血滋润

分量
3~4 人份

功效
清肺健脾
滋阴润燥
理气止咳

海底椰炖鳄鱼龟汤

　　慢性支气管炎在我国有着很高的发病率，发病缓慢，病程较长，反复发作，逐渐加重。入秋后要防治慢性呼吸道疾病的发作，特别是慢性支气管炎等疾病。海底椰炖鳄鱼龟汤就非常适合这类慢性病患者在秋季食用。

　　鳄鱼龟体壮多肉，不但是时尚的名贵佳肴，且药用价值也非常高。龟背壳不但可入药，还是一种天然的工艺品。营养学研究发现，鳄鱼龟富含蛋白质等多种营养物质，中低脂肪、低热量，是一种珍贵的滋补佳品。需注意的是，一定要到正规市场购买人工饲养的鳄鱼龟。海底椰可以止咳滋阴、补肾润肺，能强壮身体。南杏仁含有苦杏仁苷、脂肪油、糖类、蛋白质、树脂、扁豆苷和杏仁油等，是润肺止咳之物。无花果除了开胃、助消化之外，还能生津润肺、治疗咽喉痛。

　　海底椰炖鳄鱼龟汤对辅助治疗肺部疾患的针对性较强，汤性清肺而不寒凉，补肺而不温燥，特别适合慢性支气管炎缓解期的患者在秋冬季养生防病复发，或者肺癌患者在围放化疗期间用作减轻放化疗毒副反应的食疗药膳之用。

鳄鱼龟 250 克

海底椰 30 克

无花果 3 枚

南杏仁 15 克

陈皮 5 克

猪瘦肉 100 克

生姜 3 片

制作

1. 将鳄鱼龟宰杀好、洗干净，龟肉和龟板飞水后备用；猪瘦肉切块飞水。
2. 将所有主料放入炖盅内，加入清水 1250 毫升左右（约 5 碗水）。
3. 加盖后隔水炖 3 小时，进饮时加入适量食盐温服即可。

第二章

处暑

（公历8月22、23或24日）

分量
3~4 人份

功效
清热润肺
化痰止咳

霸王花南北杏仁煲猪蹄汤

霸王花是秋季广东人常用的煲汤材料之一，具有丰富的营养价值和药用价值。霸王花味甘、性凉，入肺经，具有清热痰、除积热、止气痛、理痰火的功效，对辅助治疗脑动脉硬化、心血管疾病、肺结核、支气管炎、颈淋巴结核、腮腺炎等有明显疗效，还有滋补养颜的功能。霸王花制汤后，其味清香、汤甜滑，深为"煲汤一族"所喜爱，是极佳的清补汤料。

目前市面上出售的霸王花有两种，一种是鲜品直接生晒而成，味甘、稍苦，但性偏凉，清肺热功效稍强，适合热证者或热性体质人群食用；另一种是熟制后晒干而成，味甘甜，性平和，润肺功效稍强，适合肺燥证者或者寒性体质、平和体质人群食用。

猪蹄肥中带瘦，多用来白切或煲汤，口感肥而不腻，蘸豉油吃，咸香可口。中医认为猪蹄肉有补脾气、润肠胃、生津液的功能。用猪蹄煲汤，最适宜搭配"瘦物"，即会消脂吸油的食材，例如西洋菜、霸王花、粉葛这类食材。因猪蹄带肥肉，煲汤时会释出不少油分，若搭配上"瘦物"，汤水便不显油腻，煲出来的猪蹄肉丝毫不油腻。

干品霸王花 50 克

北杏仁 20 克

南杏仁 20 克

蜜枣 2 枚

带骨猪蹄约 500 克

生姜 3 片

制作

1. 将干品霸王花用清水浸软，洗净，剪成小段。
2. 带骨猪蹄不要剔肉，也不要斩块，整只飞水备用。
3. 将所用主料放入瓦煲内，加入清水 2500 毫升左右（约 10 碗水）。
4. 先用武火煮沸，再改文火慢熬 2 小时左右。进饮时加入适量食盐温服即可。

金银花绿豆煲老鸽汤

进入 8 月底，"秋老虎"仍在发威，高温酷暑下时有中暑的人来院就诊。预防中暑的方法除了尽量避免处于高温的环境以外，多喝消暑的汤饮也是一种很好的方法。推荐一款家庭简单汤饮，既可以消暑解热，又可以清热除痘，那就是金银花绿豆煲老鸽汤。

从外观上区分老鸽跟乳鸽，需从以下三点把握：1. 老鸽的嘴跟爪都是深红色的，爪上的"鳞片"比较大且厚；乳鸽爪上的"鳞片"不明显。2. 老鸽的翅膀长出了硬毛，而且腋下也长满了细毛；乳鸽腋下没有多少毛，翅膀的硬毛也没长出。3. 宰杀以后的老鸽肉变红色，乳鸽的肉是白色的。

老鸽的脂肪含量少且肉质紧实，煲出的鸽子汤会比乳鸽更清淡鲜美；而乳鸽的营养价值不如老鸽，但肉质较嫩且富含脂肪，煲出的鸽子汤相对要油腻些。中医认为，乳鸽偏于滋补，老鸽偏于清热解毒。

这款汤品还搭配了解百毒的绿豆和清上焦风热的金银花，使清热的同时不至于过于寒凉。入秋后有热证、实证的人不妨酌情煲来饮用。

制作

1. 将绿豆浸泡一夜；老鸽宰杀干净后斩块状，猪瘦肉切成小方块状，两者一起飞水备用。
2. 将所有主料一起放入瓦煲内，加入清水 2000 毫升左右（约 8 碗水），用武火滚沸后，改文火慢熬 1 小时。
3. 再放入金银花，慢滚 15 分钟左右，加入适量食盐调味温服便可。

主料

金银花 30 克

绿豆 100 克

金银花

老鸽 1 只

猪瘦肉 100 克

生姜 2 片

分量
3~4 人份

功效
消暑清热
下火除痘

处暑百合鸭汤

中国民间流传有处暑吃鸭肉的传统习俗，做法的花样繁多，有白切鸭、柠檬鸭、子姜鸭、烤鸭、荷叶鸭、核桃鸭等。处暑时节正是处在由热转凉的交替时期，此时调养好肺、脾、肝三脏，有利于体内夏季郁积的湿热排出，同时还可以补肺益肝，有助于人体平安度过"多事之秋"。

处暑百合鸭汤中，青头鸭肉味甘，性凉，可滋五脏之阴、清虚劳之热，还兼具补血行水、养胃生津、止咳息惊等功效。而百合味甘、微苦，有补益心肺、清心安神之用；菊花味甘、苦，性凉，是药食两用之品，能够入肺、脾、肝三经，具有疏风清热、平肝明目的功效，此季节食用还能够"强肝木"，防"肺气太盛克伐肝木"（中医五行中肺脏属金，肝脏属木，秋季容易出现肺气太盛，不敛降而克伐肝木，出现金克木的症状，例如干咳、气促、脾气易暴躁、肝区胀痛、心烦失眠等）。

此汤品既醇香清润，又可调补身体，非常适宜处暑节气饮用。

制作

1. 将青头鸭肉洗净后斩块，飞水备用；药材稍冲洗干净。
2. 将所有的主料放入炖盅内，加入清水 1250 毫升左右（约 5 碗水）。
3. 加盖后隔水炖 2 小时左右，进饮时加入适量食盐温服即可。

主料

青头鸭肉 400 克

干百合 50 克

干品菊花 10 克

蜜枣 2 枚

生姜 3 片

干百合

分量
3~4 人份

功效
养阴清热
补肺益肝

鲜车前草冬瓜煲猪瘦肉汤

民间素有"贴秋膘"一说，通俗来讲就是要吃味厚、热量高的美食佳肴，老百姓首选吃肉，喜欢"以肉贴膘"。大鱼大肉吃多了，运动又没有跟上，水湿内停，脂肪堆积，身材自然就容易走样。鲜车前草冬瓜煲猪瘦肉汤正适用于夏秋之际因水湿内停或痰湿内蕴所致身材走样的肥胖者消暑减肥之用，同时还能辅助治疗水肿、消渴病、小便不利等。

车前草味甘、淡，性微寒，有清热利尿、渗湿止泻、清肝明目的功效。《滇南本草》说它可以"清胃热、利小便、消水肿"。鲜品车前草入汤会比干品少一些干涩味道，汤味更加清甜些。

冬瓜是常见的夏秋煲汤食材，其味甘、淡，性微寒，能利水消肿、清暑祛湿、除烦止渴。历来是水湿内停所致肥胖或水肿人士用来减肥消肿的食疗佳品。

汤中还佐以猪瘦肉和生姜用来和中益胃，以免寒凉伤脾胃。中医辨证为水湿内停或痰湿内蕴、湿热体质的肥胖人士不妨多煲来饮用。

制作

1. 将鲜车前草洗净，去根部留叶；冬瓜洗净后连皮带子切大块；猪瘦肉洗净，飞水后切成方块状。
2. 将所有主料放入瓦煲内，加入清水 2000 毫升左右（约 8 碗水）。
3. 用武火煮沸后改文火慢熬 1 小时，进饮时加入适量食盐温服即可。

主料

鲜车前草 150 克

冬瓜 500 克

猪瘦肉 300 克

生姜 2 片

鲜车前草

分量
3~4 人份

功效
清热祛湿
利水瘦身

白瓜滚小黄鱼汤

　　黄鱼有大黄鱼和小黄鱼两个种类，大黄鱼成体长约 40~50 厘米，小黄鱼在 30 厘米以下。其中小黄鱼头大、尾狭窄，多栖息外海，春季游回近海产卵，时下秋季正是小黄鱼最肥美的时候。小黄鱼肉鲜味美，在北方是喜庆筵席上的菜肴佳品，多油炸食用；而在南方，一般用来清蒸或滚汤食用。

　　白瓜日常做菜、滚汤均可。白瓜性寒，味甘，主要有清热、利尿、解渴、除烦的食疗功效。特别适合夏天气候炎热，心烦气躁、胸闷不舒时食用，亦建议发热患者或小便不利患者多食用。

　　在时下仍然炎热的处暑节气，我们用小黄鱼搭配上秋日时蔬白瓜滚汤食用，符合广东人"不时不食"的饮食观。此汤不但汤味鲜美可口，还有开胃健脾、益气养阴的功效。

制作

1. 将白瓜洗净，削皮，去瓤、子，切片备用。
2. 将小黄鱼宰洗干净，去肠肚、鱼鳃等。
3. 起油锅，放入生姜片爆香，之后放入小黄鱼煎至鱼身两面微黄，再加入清水 1500 毫升左右（约 6 碗水）。
4. 用武火煮沸后再加入白瓜片，滚至熟后撒入葱花，加入适量食盐即可温服。

主料

白瓜 300 克

白瓜

小黄鱼 300 克
生姜 3 片
葱花适量

小黄鱼

分量
3~4 人份

功效
开胃健脾
益气养阴

分量
4~5人份

功效
健脾祛湿
强筋健骨

双豆冬菇煲鸡爪汤

眉豆呈球形或扁圆形，比黄豆略大，又名饭豇豆、白豆等，是广东人常在春雨秋湿时用于祛湿气的常用煲汤料。需要注意的是，眉豆含有少量毒蛋白、凝集素以及能引发溶血症的皂素，所以一定要煮熟以后才能食用，否则可能会出现食物中毒现象。

鸡爪含有动物胶原蛋白，中医认为它能润燥益肤、强筋健骨，是"以形补形"之物；而白扁豆味甘、淡，性凉，能健脾渗湿、补中止泻，也是广东汤常用的药食两用之品。此汤中还加入少许冬菇，一来可以芳香醒脾开胃，二来还可以令汤味更加醇香可口。

双豆冬菇煲鸡爪汤味醇和可口，且能健脾祛湿、强筋健骨，为时下节气的家庭靓汤之一。

眉豆 50 克

白扁豆 50 克

干品冬菇 30 克

鸡爪 4 对

猪瘦肉 200 克

生姜 3 片

1. 将眉豆洗净，稍浸泡。
2. 干锅烧热后倒入白扁豆，用小火炒至微黄。
3. 将干品冬菇泡发后去蒂，切小块；鸡爪和猪瘦肉洗净后飞水；猪瘦肉切成小块状。
4. 将所有主料一起放入瓦煲内，加入清水 2500 毫升左右（约 10 碗水）。
5. 先用武火煮沸，之后改文火慢熬 2 小时左右，进饮时加入适量食盐调味温服。

分量
4~5 人份

功效
清补祛湿
益肾利水

富贵豆鲤鱼煲节瓜汤

长夏时节，有一类体质的人群会过得特别不舒服，这类人群一般体型肥胖，甚至晨起头面、下肢轻度浮肿，精神易倦，嗜睡懒动，口中黏腻，大便溏烂易粘便盆等。这类人群的体质就是中医所说的脾虚痰湿体质。推荐一款时令养生汤饮，帮助大家安度长夏时节，这款靓汤就是富贵豆鲤鱼煲节瓜汤。

富贵豆清补祛湿、健脾补肾，对肥胖症、高血压、冠心病、高脂血症、动脉粥样硬化等病症均有很好的食疗作用。鲤鱼的蛋白质不但含量高，而且质量也佳。鲤鱼的脂肪多为不饱和脂肪酸，能很好地降低人体内胆固醇，预防动脉粥样硬化，多食亦不易长胖。鲤鱼性平，味甘，具有健脾养胃、利水消肿、通乳安胎等功效，多用于脾胃虚弱之食少乏力、脾虚水肿、肾病浮肿等病症。节瓜具有清热、消暑、解毒、利尿、消肿等功效，且节瓜脂肪含量低，有较好的减肥作用，还富含钾盐、胡萝卜素、钙、磷、铁、多种维生素，对于慢性肾炎、糖尿病及心功能不全的患者有一定的辅助治疗作用。

富贵豆 50 克

鲤鱼 1 条（约 500 克）

节瓜 600 克

猪腒肉 150 克

生姜 3 片

1. 将富贵豆洗净，稍浸泡；节瓜去皮，去瓤、子，洗净，切大块；猪腒肉洗净，飞水后切大块。

2. 将鲤鱼去内脏，保留鳞片，宰洗干净，之后起油锅将鲤鱼放入锅中煎至鱼身两面微黄，加入少许清水煮沸后备用。

3. 将富贵豆、猪腒肉块和生姜片放入瓦煲内，加入清水 2500 毫升左右（约 10 碗水）。

4. 先用武火煮沸，之后改文火慢熬 1 小时。

5. 把节瓜块和锅里的鲤鱼连汤加入瓦煲内，中火再煲半小时左右，进饮时加入适量食盐调味即可。

雪梨茅根竹蔗炖猪肺汤

"处，止也，暑气至此而止矣。"此时夏天的暑气逐渐消退，天气开始转凉，然而广东地区的暑热仍然未退，张牙舞爪的"秋老虎"肆意横行时暑热更胜之前的炎夏。处暑之后，暑热未散，仍然会耗气伤阴；初秋的燥气开始滋生，易伤肺气、肺阴；长夏湿气未退，常常困阻中焦脾胃。所以古人常常称这个时节为"多事之秋"，这段时间要多加注意自己的健康状况。

雪梨味甘，性凉，具有生津润燥、清热化痰之功效，特别适合秋天食用，可以预防秋燥；白茅根具有凉血止血、清热生津、利尿通淋的功效，其功效平和，清润而不寒凉，老少尤其适合；而竹蔗味甘甜，性凉，有清润生津、益胃止渴、利尿解酒等功效；猪肺味甘，性平，亦是广东老百姓秋季常用的煲汤材料，能补肺虚、止咳嗽。

雪梨茅根竹蔗炖猪肺汤具有清热润燥、化痰止咳的食疗功效，适合一家人节气养生保健饮用，尤适合那些一进入秋季就容易身体燥热、流鼻血、咳嗽，或痰中带血的人辅助治疗之用。

制作

1. 将各物洗净；雪梨去核，切块；白茅根、竹蔗洗净后切段备用。
2. 将猪肺从猪肺喉部灌入清水，反复多次揉搓，切块，挤干水，不用油、盐，在锅中炒片刻，然后切成薄片。
3. 将所有主料一起放入瓦煲内，加入清水 2500 毫升左右（约 10 碗水）。
4. 用武火煮沸后改文火慢煲约 2 小时，进饮时加入适量食盐温服便可。

主料

雪梨 1~2 个
白茅根 100 克
（或干品 50 克）
竹蔗 150 克
猪肺约 500 克
生姜 3 片

白茅根

竹蔗

分量
4~5 人份

功效
清热润燥
化痰止咳

虫草花石斛炖肉汁

　　虫草花的颜色一般是橙黄至橘红，具有独特的香味。它性平，味甘，有益虚损、养精气的功效，适用于夏秋交替的时候常见的肺肾两虚、精气不足所致的咳嗽气短、自汗盗汗、劳嗽痰血等病症。

　　石斛性偏凉，属于清补之品，适宜作为广东地区立秋之后仍处于暑热气候的食疗之用。它有益胃生津、滋阴清热的功效，非常适合入秋后多食用，常用于阴伤津亏之口干烦渴、食少干呕、病后虚热等病症。

　　虫草花石斛炖肉汁是清补汤饮，适合家庭男女老少入秋后养生保健饮用。

制作

1. 将猪瘦肉洗净后剁成肉饼。
2. 将所有主料放入炖盅内，加入清水 1250 毫升左右（约 5 碗水）。
3. 加盖后隔水炖 2 小时左右，进饮时加入适量食盐温服即可。

主料

虫草花 50 克

石斛 30 克

猪瘦肉 400 克

生姜 2 片

虫草花

石斛

分量
3~4 人份

功效
滋阴清热
益胃补肺

椰青水煲马蹄淮山药甜汤

　　长夏时节，广东地区的气候仍然是暑热夹秋燥，早、晚温差逐渐显现。这时候如果照顾不周或者饮食不注意的话，小朋友的抵抗力就容易下降，随即容易引起呼吸道或消化道不适。针对以上这些常见情况，推荐一款简单易做的素食甜汤，它就是椰青水煲马蹄淮山药甜汤。

　　椰青水就是椰子壳里面包裹的水，其性凉，有清热润燥的功效，可治疗肺热、肺燥等热证。淮山药具有健脾补肺、益胃补肾的功效，是一味平补肺脾肾三脏的药食两用之品，无论是热证还是寒证，虚证还是实证，皆可食用。马蹄尤其适合夏秋季多食用，其口感甜脆、营养丰富，还有预防急性热性传染病的作用。

　　这款甜汤食材常见，制作简单，既能补益气阴、滋养脏腑，又不会太过寒凉，是整个夏秋季时节的消暑祛燥健体汤饮。

 制作

1. 将马蹄去皮、鲜淮山药削皮，之后将马蹄和鲜淮山药切成小粒状。
2. 将所有主料一起放入瓦煲内，加入椰青水和适量清水共 750 毫升左右（约 3 碗水），用武火煮沸后再调文火慢煮 20 分钟即可温服。

 主料

椰青水 500 毫升
马蹄 5 个
鲜淮山药 100 克

鲜淮山药

分量
1~2 人份

功效
补益气阴
消暑祛燥

野簕苋菜头煲白心番薯汤

　　野簕苋菜所含的人体所需的营养元素非常丰富。野簕苋菜所含的维生素 A 和烟酸比茄果类蔬菜高 2 倍以上，钙的含量比菠菜高 3 倍，且又不含有不易被人体吸收的草酸，含钾也很丰富。此外，中医认为，野簕苋菜头入脾、胃和大肠经，药力擅长走中、下焦，能清热祛湿，尤其是清大肠湿热的功效十分显著。

　　"红皮白心"番薯简称白心番薯。白心番薯有两大特点：干和淡。"干"是说白心番薯含水分相对其他品种番薯少，淀粉和粗纤维素较多，口感粉酥，所以特别容易清肠通便；而"淡"是指白心番薯食用起来口味相对其他品种番薯清淡一些，因为它的含糖量相对少很多。

　　此靓汤还搭配了猪大骨。一来用猪大骨煲汤味道好又滋补；二来野簕苋菜头和白心番薯都属于消脂"瘦物"，特别是野簕苋菜头性寒凉，猪大骨的滋补作用可以佐制"瘦物"的伤正弊端。这道靓汤还可以作为大肠湿热泄泻和肠热便秘、痔疮发作等病症的有效药膳汤饮。

制作

1. 将野簕苋菜头洗净，切段；白心番薯洗净，削皮后切成大块；猪大骨洗净，斩块后飞水。
2. 将所有主料放入瓦煲内，加入清水 2500 毫升左右（约 10 碗水）。
3. 先用武火煮沸，再调文火慢熬 2 小时左右，进饮时加入适量食盐温服即可。

主料

野簕苋菜头 350 克

白心番薯 250 克

猪大骨 500 克

生姜 2 片

野簕苋菜头

白心番薯

分量
3~4 人份

功效
健脾清肠
祛湿通便

鲜菱角芡实煲猪排骨汤

菱角的盛产期是 8~10 月间，广东的菱角肉厚水润，味甘甜，口感爽脆，含有丰富的淀粉、蛋白质、维生素、钙、铁等多种营养物质，是一种大众化的高碳水化合物、低脂肪的健康养生食材。多食菱角能补脾胃，强腰膝，健力益气。此外，菱角还能利尿、通乳、解酒毒和辅助减肥。现代药理实验相关研究还发现，多食菱角具有一定的防癌、抗癌作用，可用之防治食管癌、胃癌、妇科肿瘤等多种恶性肿瘤。

芡实被誉为"水中人参"，在《神农本草经》中属于上品中草药，其味甘、涩，性平，入脾、肾经，具有益肾固精、补脾止泻、祛湿止带的功效。正是由于芡实具有很高的食疗和药用价值，在我国自古作为永葆青春活力、防止未老先衰之良物食用。

此汤品的特点是清润甘甜，平补不燥，尤其适合那些属于脾肾亏虚证候但又虚不受补体质的人作为夏秋季进补的日常养身健体汤饮。

制作

1. 将鲜菱角和芡实洗净；鲜菱角去皮；猪排骨洗净后斩段飞水。
2. 将所有主料放入瓦煲内，加入清水 2500 毫升左右（约 10 碗水）。
3. 用武火煮沸后改文火慢熬 1.5 小时左右，进饮时加入适量食盐温服即可。

主料

鲜菱角 350 克
芡实 150 克（或干品 50 克）
猪排骨 500 克
生姜 2 片

鲜菱角

芡实

分量
3~4 人份

功效
健脾益肾
平补祛湿

蔗汁淮山药南瓜羹

暑热天气，人体湿气仍较重，脾胃消化功能也比较弱。所以立秋之后不要着急进补，要先养护脾胃，排出体内湿气之后等天气转凉后再进补，方能起到实际效果。

处暑时节，有不少时令果蔬都能够防暑除湿、健脾养胃，如南瓜、甘蔗等。《本草纲目》赞誉南瓜能"补中，益气"。秋季养生多吃南瓜，有强身健体、美容瘦身的功效。

甘蔗能清、能润，是常见的夏秋季甘凉滋养的食疗佳品。甘蔗入肺、胃二经，具有清热、生津、下气、润燥、补肺益胃的食疗功效。中医常用甘蔗汁治疗因热病引起的心烦口渴、反胃呕吐和解酒等。

鲜淮山药是做羹汤的常用材料，长夏宜健脾祛湿，立秋后宜润肺益胃，一味鲜淮山药即可兼顾双重食疗功效，且食性平和，几乎适合各个年龄段、各种体质的人平补之用。

这款羹汤，口感绵滑清润，食之令人脏腑愉悦、胃口大开，既可以作为长夏之时餐中的佐食羹汤，亦可作为处暑节气之后的早餐主食或零食甜品。

制作

1. 将鲜淮山药洗净，削皮后切成小块；南瓜削皮后切开，去瓜瓤后切成小块。
2. 将淮山药块、南瓜块、生姜片和甘蔗汁一起放入搅拌机内搅成糊状。
3. 将糊倒入大碗内，用蒸锅隔水蒸熟即可。

主料

甘蔗汁

鲜淮山药

鲜淮山药 400 克
南瓜 400 克
甘蔗汁 150 毫升左右
生姜 3 片

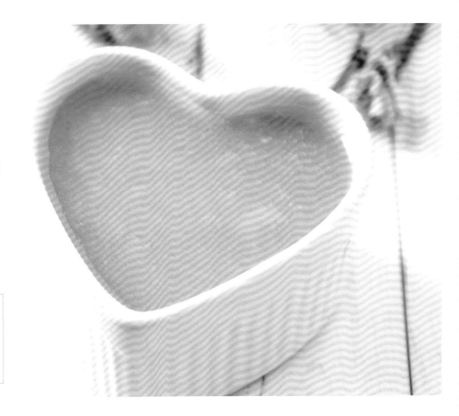

分量
3~4 人份

功效
健脾润肺
益肾养胃

老黄瓜黄豆煲猪扇骨汤

老黄瓜,就是在黄瓜成熟后不采摘,让它继续生长,直至瓜皮全部变黄、变粗糙的老瓜。老黄瓜除了有清热的功效之外,还能生津润燥,同时营养也比嫩瓜更丰富。

黄瓜作为"减肥美容的佳品",长久以来一直受到人们的青睐,内服外敷均可。老黄瓜的抗衰老作用比嫩黄瓜明显。老黄瓜中所含的丙醇二酸可抑制糖类物质转变为脂肪,丰富的植物纤维对促进肠道排毒以及降低胆固醇有很好的辅助作用,是秋冬季防增肥的佳品。老黄瓜性寒,味甘,有清热解毒、利水消肿等功效。而黄豆和猪扇骨补益调中,可以中和老黄瓜的寒性;加上黄豆属于"瘦物",有助于刮油通便。

老黄瓜黄豆煲猪扇骨汤清中带补,润而不寒,尤其适合想瘦身美容的女性,或者平素饮食清淡、不喜味重油腻的各年龄段的人当作长夏初秋之时养生健体汤品饮用。

制作

1. 将老黄瓜削皮,切大块;黄豆隔夜浸泡;猪扇骨洗净后斩块、飞水。
2. 将所有主料放入瓦煲内,加入清水2000毫升左右(约8碗水)。
3. 武火煮沸后改文火慢熬1.5小时,进饮时加入适量食盐调味即可温服。

主料

老黄瓜 600 克

黄豆 100 克

猪扇骨 500 克

生姜 3 片

老黄瓜

猪扇骨

分量
3~4 人份

功效
利水祛湿
养阴健脾

鸡骨草蜜枣煲鲜蚌肉汤

处暑是反映气温变化的一个节气。"处"含有躲藏、终止意思，"处暑"表示炎热暑天理论上是结束了。此时，气候逐渐转凉干燥，特别是一早一晚。身体里肺经当值，中医认为"肺气太盛可克肝木，故多酸以强肝木"，饮食上要"减辛增酸"，多吃些有滋阴养肝、润燥补肺功效的食物。

鸡骨草主要生长在广东、广西等地，有很好的清热利湿、疏肝止痛、解毒退黄的功效。汤中配以清润调中的蜜枣和温中健胃的生姜，既可削减鸡骨草的寒凉，又能使汤味清润可口。蚌，其性寒，味甘、咸，含有丰富的蛋白质、脂肪、糖类、维生素和钙、磷、铁、锌等物质，具养肝滋阴、明目解毒、凉血止渴等功效。

它们合而为汤，实为营养丰富的滋肺益肝之汤品，且能用于肝热胁痛、视力下降等病症；糖尿病属肺热阴虚证的患者多饮用这道汤饮对其疾病的康复也大有裨益。

制作

1. 将干品鸡骨草和鲜蚌肉分别洗净。
2. 将所有主料一起放入瓦煲内，加入清水2000毫升左右（约8碗水）。
3. 用武火煮沸后改文火慢熬2小时，进饮时加入适量食盐调味即可温服。

主料

干品鸡骨草30~60克（视湿热证候严重程度酌情增减）

干品鸡骨草

鲜蚌肉500克

蜜枣2枚

生姜3片

鲜蚌肉

分量
3~4人份

功效
养阴益肝
清热利湿

第三章

白露

（公历9月7、8或9日）

分量
3~4 人份

功效
利湿解毒
益气和中

日本豆腐滚黄沙蚬汤

入秋时分正是黄沙蚬最肥美之时。黄沙蚬的外观灰中带黄，个体不大，如果碰上比成人拇指大一点的就算是蚬中上品了。黄沙蚬的特色在于肉质肥美、色白质脆、蚬味鲜香。它的肉虽小，但入汤后鲜味最迷人。黄沙蚬性寒，味甘、咸，有利湿、清热、解毒等功效。《唐本草》说它能"治时气，开胃""下湿气"；《日华子本草》认为它能"去暴热，明目，利小便，下热气，脚气湿毒，解酒毒目黄"。

日本豆腐又称玉子豆腐，是一种传统的优质植物蛋白质食品，具有较高的营养价值且价格低廉。用之滚汤，口感爽滑鲜嫩，具鸡蛋之清香。

这道靓汤用黄沙蚬搭配日本豆腐滚汤饮用，汤品清润鲜甜，汤性凉而不寒，适合一家老少在白露节气清润防燥热之用。

日本豆腐 100 克　　　黄沙蚬 500 克　　　　猪瘦肉 100 克　　　　芫荽 50 克

生姜 3 片

制作

1. 在清水中滴几滴花生油，将黄沙蚬放入水中养半天让其吐沙，之后飞水，见蚬壳打开即可，去壳留肉备用。
2. 将日本豆腐切块；猪瘦肉剁成粒；芫荽洗净，切小段；生姜片切丝。
3. 铁锅中加入少许花生油，加热后放入生姜丝爆一爆，之后加入黄沙蚬肉爆炒片刻。
4. 再加入清水 1500 毫升左右（约 6 碗水）。
5. 用武火滚沸后，依次放入猪瘦肉粒、日本豆腐块，稍滚片刻后放入芫荽段，加入适量食盐便可温服。

莲藕淮山药煲猪排骨汤

秋冬最适合进补，但是现在广东地区还处于长夏入秋之际，气候上是暑热夹秋燥，所以日常汤饮方面不适宜太温补，不然很容易上火。选用清润滋补的汤水就最适合一家大小养生调理之用了。

莲藕是当令蔬菜之一。大家在选择莲藕的时候要注意，以藕身肥大、肉质脆嫩、水分多而甜、带有清香的为佳；同时，藕身应无伤、不烂、不变色、无锈斑、不干缩、不断节。好的莲藕通常有九个孔而且有淡淡清香，不会有奇怪味道。一般情况下我们煲汤炖汤选用红花藕，清炒藕片用白花藕。

"秋夜渐长饥作祟，一杯山药进琼糜"，这是南宋诗人陆游盛赞淮山药的诗句。鲜淮山药虽然外貌不美，但内在质量极佳，只要用竹片轻轻刮去嫩皮，雪白的肉质便显露精华。《神农本草》也赞誉淮山药："久服耳目聪明。"淮山药入肺、脾、肾经，能益气养阴、健脾益胃、补肺止渴、益精固肾。

用鲜莲藕鲜淮山药煲汤，最大的特点就是汤味清甜，功效清润平补；搭配上骨多肉少、不肥不腻的猪排骨，一家老少咸宜。

制作

1. 将鲜莲藕、鲜淮山药削皮后切块；猪排骨斩段、飞水。
2. 将莲藕块、猪排骨和生姜片先放入瓦煲内，加入清水 2500 毫升左右（约 10 碗水）。
3. 用武火煮沸后改文火慢熬 1 小时。
4. 再加入鲜淮山药煲半小时左右，进饮时加入适量食盐调味即可。

主料

鲜莲藕 500 克
鲜淮山药 500 克
猪排骨 500 克
生姜 3 片

鲜莲藕

鲜淮山药

分量
4~5 人份

功效
清润滋补
健脾益气

无花果太子参炖猪瘦肉汁

　　无花果以收秋果为主，当下正是收获季节。无花果富含糖、蛋白质、维生素和矿质元素，果实中含有18种氨基酸，其中有8种是人体必需氨基酸。无花果不仅是营养价值高的水果，而且还是一味良药。无花果性平，味酸、甘，药性平和，尤适合儿童群体食疗之用。《云南中草药》谓之有"健胃止泻，祛痰理气"功效，专治食欲缺乏、消化不良、肠炎、痢疾、咽喉痛、咳嗽痰多、胸闷等病症。

　　太子参又名孩儿参，是儿科常用中药之一，药性平和，不温不寒，有补益脾肺、益气生津之功，多用于小儿脾气虚弱、胃阴不足所致的食少倦怠或热病之后气虚津伤所致的肺虚燥咳及烦躁不眠、虚热汗多等症。

　　鲜无花果太子参炖猪瘦肉汁，色香味俱全，且药性不温不寒，口感清润甘甜，是秋季用于儿童增强体质、预防疾病以及热病之后调理身体的靓汤。

制作

1. 将鲜无花果洗净，由顶部划"十"字剖开；猪瘦肉洗净，飞水后切小方块状。
2. 将所有主料放入炖盅，加入清水750毫升左右（约3碗水）。
3. 加盖后隔水炖2小时，进饮时加入适量食盐调味即可。

主料

鲜无花果4枚
太子参30克
猪瘦肉200克
生姜1片

鲜无花果

太子参

分量
2~3位儿童份

功效
补益肺脾
利咽生津

奶花豆莲子黄芪炖水鸭汤

奶花豆,是奶花芸豆的简称,其形如动物的肾脏,颜色为白色与褐红色相间。奶花豆在我国种植地域广泛,东北及广西、云南、内蒙古等都有种植。奶花豆味甘、淡,性平,能益气祛湿、补益脾胃,多用于治疗脾胃虚弱、水湿内停所致的食欲不振、便溏、疲倦乏力、脚气病、水肿等病症。

9月的莲子正是应季食材,新鲜的带心莲子不但有健脾祛湿的功效,而且还有清心安神、清热祛湿的作用,是现时用来煲汤性价比很高的药食两用之品。

本汤品中还搭配上了补气提神的黄芪和降虚火、养阴利水的水鸭,不但可以作为处暑时令靓汤饮用,还可以作为学生一族用来调整状态的辅助食疗之用。刚刚开学的莘莘学子们,不妨多饮用奶花豆莲子黄芪炖水鸭汤,有助于在开学之初尽快调整好身心,以最佳的状态投入到新学期紧张的学习生活之中。

制作

1. 将奶花豆和莲子洗净;水鸭肉洗干净后斩块、飞水。
2. 将所有主料放入炖盅内,加入清水1000毫升左右(约4碗水)。
3. 加盖隔水炖3小时,进饮时加入适量食盐调味温服。

主料

奶花豆 30 克
莲子 30 克
黄芪 15 克
水鸭肉 300 克
生姜 2 片

奶花豆

黄芪

分量
2~3 人份

功效
益气养阴
健脾清心
祛湿醒神

栗子赤肉煲木瓜汤

　　"秋冬养阴"是中医四时养生理论之一，因而从现在起养生佐餐的汤水宜养阴清燥与健脾和胃相结合，或轮换交替。重要的是要逐步地进补，不宜一下子进饮大补温燥的汤水。

　　栗子是糖类含量较高的干果品种，能够供给人体较多的热能，并能帮助人体的脂肪代谢。中医食疗学认为，栗子具有益气健脾、厚补胃肠、补肾益脑的食疗作用。秋冬多吃栗子对冠心病、高血压病都有一定的辅助防治作用。

　　木瓜亦是广东的老百姓在秋日里喜爱食用的蔬果，既可入汤做菜，又可以当作日常水果进食，有健脾消食、润燥养阴、美容护肤的功效。秋冬干燥的气候多食用木瓜清补，对人体的皮肤有很好的调理作用。

　　而粤菜中的赤肉是指新鲜猪大腿的精瘦肉，肉质鲜嫩，入汤鲜美可口，营养丰富，有很好的补虚健脾、滋养气血的功效。

　　以上材料合而为汤，汤品甘甜清润，是很好的秋日平补大众化家庭靓汤。

制作

1. 将赤肉洗净，氽水后切块状；半熟木瓜去皮、去瓜核后切成大块。
2. 将所有主料一起加入瓦煲内，加入清水 2500 毫升左右（约 10 碗水）。
3. 用武火滚沸后改文火慢熬 2 小时，进饮时加入适量食盐即可温服。

主料

栗子肉 300 克
半熟木瓜 500 克
赤肉 250 克
生姜 2 片

栗子肉

半熟木瓜

分量
4~5 人份

功效
滋养润燥
健脾益胃

金针菇豆腐煲核桃汤

    金针菇无论入汤羹还是做菜肴，都特别鲜美香滑，中医还认为它能利肝疏胆、健胃益气。现代医学分析其含有一种称为金针菇素的物质，有一定的抗癌作用。此外，金针菇含有丰富的氨基酸，其中赖氨酸、精氨酸、亮氨酸含量尤多，能够增强记忆力。

    豆制品及核桃里面都含有丰富的卵磷脂，对于健脑益智有着良好的促进作用。豆腐里的蛋白质是植物蛋白中最好的，可以与鱼肉媲美，有益于人体神经、血管、大脑的发育生长。

    金针菇豆腐煲核桃汤汤味清甜芳香，材料清补有益，汤品简单易做，具有益智补脑、抗疲劳、清补开胃、健脾益肾的功效，特别适合平时工作繁忙的脑力劳动者时令养生保健之用。

制作

1. 将金针菇撕开洗净；猪瘦肉洗净后切片；南豆腐切成块状。
2. 将所有主料一起放入瓦煲内，加入清水 1500 毫升左右（约 6 碗水）。
3. 先用武火煮沸，再改文火继续煲 30 分钟左右，最后根据个人口味加入葱花、香油、食盐调味饮用。

主料

金针菇 150 克
南豆腐 400 克　南豆腐
核桃肉 50 克
猪瘦肉 150 克
生姜 3 片　核桃肉

分量
3~4 人份

功效
益智补脑
抗疲劳
清补开胃
健脾益肾

陈皮老鸭煲猪肚汤

　　白露之后天气冷暖多变，早、晚温差较大，很容易诱发感冒、胃肠炎或者旧病复发。大家在饮食上面也要做相应的改变才行，不能一味贪凉，要适当吃一些养阴助阳、健脾祛湿的食材。

　　猪肚实为猪的胃，具有治虚劳羸弱、泄泻、小儿疳积等食疗功效，为长夏时节补脾胃的大众化食材，搭配上陈皮、党参、白术、薏苡仁等来一起煲煮，健脾祛湿效果相当不错。虽然猪肚营养价值很高，但处理起来要讲究，做不好就容易有异味，影响口感，所以大家在煲猪肚汤之前一定要处理好猪肚。

　　说起陈皮和老鸭，两者是上佳搭配，而陈皮煲老鸭汤亦是夏末初秋非常应季的广东汤代表。我们常说"老鸭滋阴，嫩鸭湿毒"，这时候用老鸭来滋阴补虚就刚刚好了。

　　这道汤还加上了补益脾胃的猪肚，能健脾化湿、理气开胃，还能补虚损、养阴消暑，实为初秋的应季清补靓汤。

制作

1. 将陈皮浸泡软后刮去白囊；老鸭肉洗干净，斩块后飞水；大枣去核。
2. 将猪肚正反面冲洗数次，并用生粉或食盐反复揉搓，再冲净，之后飞水，切成小长方形状。
3. 将所有主料一起放入瓦煲内，加入清水 2500 毫升左右（约 10 碗水）。
4. 用武火煮沸后改文火慢熬 2 小时，进饮时加入适量食盐即可温服。

主料

陈皮 10 克
老鸭肉 600 克
猪肚 300 克
生姜 3 片
大枣 5 枚

陈皮

猪肚

分量
3~4 人份

功效
健脾化湿
养阴消暑
理气开胃
补虚损

分量
3~4 人份

功效
健脾养血
祛湿清热
解毒凉血

花生章鱼土茯苓煲猪扇骨汤

从传统的节气来看，白露属于夏秋转季的过渡阶段，在南方，气候属于典型的长夏季节，早、晚气温较之前的盛夏开始有所转凉。日常汤水就不需要像盛夏那么寒凉，但也不要过早滋补，清润、健脾、祛湿仍然是当下食疗的指导原则。

花生富含油脂、不饱和脂肪酸以及多种氨基酸，现代营养学研究还发现花生能延缓衰老、改善记忆力。长期适量食用花生能辅助降血压、软化血管、预防血栓形成，是心脑血管疾病患者的理想食品之一。需要注意的是，如果一次食用过多花生容易产生胃脘胀气等病症，建议进食时和陈醋搭配，就能很好地缓解花生的油腻和饱滞感了。

章鱼晒干之后的干品，广东人经常拿来煲汤、煲粥食用，既增鲜又养血补血、解毒生肌。章鱼干配伍花生，营养丰富而均衡，能很好地补充人体多种氨基酸以及微量元素，适合气血不足、脾肾亏虚者作为食补之用。

这道汤品虽然选用了嘌呤含量稍高的花生和章鱼干两种食材，但将它们与鲜土茯苓相搭配，再加入不油腻的猪扇骨一起煲汤，饮用起来清爽甘甜，健脾养血的同时还能祛湿清热、解毒凉血，可把过多的嘌呤排出体外而不至于"上火"。

花生 80 克　　　　　章鱼干 80 克　　　　鲜土茯苓 250 克　　　猪扇骨 500 克

生姜 3 片

制作

1. 将花生洗净；章鱼干隔夜浸泡软后切成小块状；鲜土茯苓洗净，刨皮后斩成小块；猪扇骨洗净，斩块后飞水备用。
2. 将所有主料一起放入瓦煲内，加入清水 2500 毫升左右（约 10 碗水）。
3. 用武火煮沸后改文火慢熬 1.5 小时左右，进饮时加入适量食盐调味即可温服。

赤小豆玉米莲藕煲生鱼汤

俗语有话"荷莲一身宝，秋藕最补人"。现时是莲藕的收获季节，秋天多食莲藕正对广东人"不时不食"的养生理念。莲藕味甘，性平，无毒，入心、脾、胃经，既可生食，又可熟食，生食能够开胃清热、生津消渴、凉血止血，适用于肺热咳血、烦躁口渴、食欲不振等病症；熟食则能健脾益胃、养血补虚。现代营养学表明，莲藕富含丰富的维生素 C、矿物质、糖类和粗纤维，有益于心脏。秋季多食莲藕能促进新陈代谢、防止皮肤粗糙。

生鱼俗称黑鱼，肉质细嫩，口味鲜美，且营养价值颇高，也是养血补虚的好食材。中医认为，生鱼有祛瘀生新、滋补调养、健脾利水的功效，是病后、产后以及手术后人群上佳的食补材料。

除此之外，汤中的赤小豆祛湿利水，玉米纤维丰富有助通便排毒。这个节气靓汤既有营养，又有益于调节身体内环境，在夏秋交替的时候，用它来清补非常适合。

制作

1. 将赤小豆隔夜浸泡；玉米切小段；莲藕刮皮后切块状；生鱼宰洗干净，起油锅后将生鱼两面煎至微黄；猪瘦肉洗净后飞水，切成大块；大枣去核。
2. 将除生鱼之外的其余主料一起放入瓦煲内，加入清水 2500 毫升左右（约 10 碗水）。
3. 先用武火煮沸，再改文火慢熬 1 小时，之后再加入生鱼一起煲半小时左右，进饮时加入适量食盐即可温服。

主料

赤小豆 50 克
玉米 400 克
莲藕 800 克
生鱼 1 条（约 600 克）
猪瘦肉 200 克
生姜 3 片
大枣 15 克

赤小豆

玉米

分量
3~4 人份

功效
益气养阴
祛湿健脾

火龙果煲猪䏭汤

秋日季节宜多用时令水果入汤羹，可以借助水果的清润来和解秋燥。

火龙果原产于中美洲热带，它营养丰富、功能独特，含有一般植物少有的植物性白蛋白及花青素，丰富的维生素和水溶性膳食纤维。它的植物性白蛋白对人体胃黏膜有保护作用；而花青素是一种效用明显的抗氧化剂，具有抗氧化、抗自由基、抗衰老的作用，还具有抑制脑细胞变性、预防阿尔茨海默病的作用，此外，火龙果中芝麻状的种子有促进胃肠消化的功能。因此，常吃火龙果具有减肥、降低胆固醇、润肠、预防大肠癌等功效。日常根据火龙果果肉的肉色不同可分成红色、白色、黄色三种，入汤三色均可。

此靓汤用火龙果来搭配滋阴润燥、补虚损、健脾胃的猪䏭肉，不温不寒，且汤味清润甘甜，用来作为应季的保健养生汤水功效明显，尤其适合时下白露节气老人和儿童调理防病之用。

制作

1. 将火龙果去皮，果肉切块；猪䏭肉洗净后飞水，切成小方块状。
2. 将除火龙果肉之外的其余主料先放入瓦煲内，加入清水 2000 毫升左右（约 8 碗水）。
3. 用武火煮沸后改文火慢熬 40 分钟。
4. 再加入火龙果肉，用武火煮沸后改文火继续煲 20 分钟左右，进饮时加入适量食盐调味即可。

主料

火龙果

火龙果 1 个（约 500 克）
猪䏭肉 400 克
蜜枣 1 枚
生姜 2 片

蜜枣

分量
3~4 人份

功效
清润开胃
益肺通便

分量
1~2 人份

功效
清心降火
除烦祛湿

灯心草竹叶莲子甜汤

　　白露时节，很多孩子出现食欲不振，舌苔黄厚，白天情绪比较烦躁，晚上睡眠欠佳、常常翻来覆去、磨牙、说梦话的现象，甚至还出现口舌溃疡的病症。中医认为这都是小朋友在长夏季节脾虚夹湿热、心火燥扰动心神所致。可以通过食疗的方法来缓解病症。

　　灯心草味甘、淡，性微寒，具有清心降火、利尿通淋的功效，常用于治疗水肿、小便不利、湿热黄疸、心烦不寐等病症。淡竹叶性寒，味甘、淡，能清心火、利小便，常用于治疗心烦失眠、尿少涩痛、口舌生疮等。长夏正是莲子的收获季节，干品莲子略带苦涩，但鲜品莲子口味就清甜芬芳了。莲子药食两用，广东人最喜爱用莲子煲汤，取其补脾止泻、益肾涩精、养心安神之功效。三者合用，可清心降火、除烦祛湿，适合脾虚夹湿热、心火旺盛的孩子饮用。

　　本汤品中还搭配了蜜枣入汤，可令汤味更加甘甜可口，小朋友容易接受。若平素体质好，心火炽盛者可在原汤谱的基础上再加入莲子心5克、麦冬10克，加强滋阴降火的功效。但莲子心性味苦寒，不适宜长期食用。一般在服用后感到病症减轻或缓解，就可以减量或者停服了。

灯心草4扎　　　　淡竹叶10克　　　带心鲜莲子50克　　　蜜枣2枚

1. 将各物稍冲洗干净；蜜枣去核。
2. 将所有主料放入瓦煲内，加入清水750毫升左右（约3碗水）。
3. 用武火煮沸后调文火慢熬1小时左右，进饮时温服即可。

人参叶五叶神炖兔肉汤

人参叶，顾名思义就是人参的叶子。人参叶能益胃生津、清利头目、辅助降血糖和降血脂，还能降虚火，尤其适合在现在天气干燥、暑热仍未完全消退，人体虚火容易上升的时候调理身心食用。

五叶神就是我们平常认识的绞股蓝，叶子通常拿来泡茶，而梗通常拿来煲汤。中医认为，五叶神不仅能补益脾气、益气生津，还有理气疏肝、祛湿活血的作用，同时兼有补和清的功效。需要注意的是，五叶神味稍苦，性偏寒，不能久服。在煲这个汤的时候可以放几片生姜，中和一下五叶神的寒凉药性。

汤膳中的兔肉味甘，性凉，能补脾益气、止渴清热，是秋冬季很好的清补汤料。现代营养学还表明，兔肉是一种高蛋白、低脂肪的食物，既有营养，又不会令人发胖，是理想的"美容肉"。

这款靓汤同时兼有补和清的功效，不仅是肥胖者、糖尿病和心血管疾病患者的辅助治疗汤饮，而且还是应酬多、吸烟饮酒多、经常熬夜的职场人士调理身心的保健汤。

制作

1. 将药材稍冲洗干净；兔肉洗净，斩块后飞水；猪脊骨洗净，斩块后飞水。
2. 将所有主料加入炖盅内，加入清水1500毫升左右（约6碗水）。
3. 加盖后隔水炖约3小时，进饮时加入适量食盐调味即可。

主料

人参叶 20 克
五叶神 15 克
兔肉 250 克
猪脊骨 100g
生姜 3 片
枸杞 15 克

人参叶

五叶神

分量
3~4 人份

功效
益气生津
清燥下火
帮助睡眠

鲜百合西洋菜滚山斑鱼汤

西洋菜是秋冬季的应季时蔬，在中医食疗界被赞誉为"天然的清燥救肺汤"，其脆嫩爽口、气味清香诱人，做汤或炒食均宜。中医认为，西洋菜性凉，常吃能养阴、清心、润肺，是治疗阴虚痰热证型肺痨的理想食物，对秋冬季肺燥、肺热所致的咽痛、咳嗽、咯血、鼻出血、心烦失眠等都有较好的疗效。

百合味甘、微苦，性微寒，具有清火、润肺、安神的功效，鲜品尤擅长润肺止咳、清心安神。《中医方剂学》中治疗肺伤咽痛、咳喘痰血等症的名方"百合固金汤"就是以百合为君药的。

大暑已过，进入白露，即使有热亦不能过于寒凉伤正气，所以本汤品在清润的同时搭配上了补益的山斑鱼。山斑鱼味甘，性平，具有滋补强身、养阴补中、活血生肌的功效，是手术后患者和体虚瘦弱之人食补的常用食材。

这道汤亦可作为那些口舌多发性、反复性溃疡属于阴虚内热或者肺胃有热者的辅助食疗之品。

制作

1. 将鲜百合和西洋菜择洗干净。
2. 将山斑鱼宰洗干净，与生姜片一起放入油锅内，用慢火煎至鱼身两面微黄，之后加入清水 2500 毫升左右（约 10 碗水）煮沸。
3. 再依次放入西洋菜、鲜百合，用武火煮沸后改中火滚 3~5 分钟左右，最后加入适量食盐调味即可温服。

主料

鲜百合 50 克
西洋菜 400 克
山斑鱼 500 克
生姜 3 片

鲜百合

西洋菜

分量
3~4 人份

功效
清燥润肺
养阴补中

分量
3~4 人份

功效
清利湿热
健脾止泻

野簕苋菜头云苓煲鲫鱼汤

时下气候处于长夏和秋季的转换之际，人体肠胃消化功能容易受影响，特别是青少年和婴幼儿。簕苋菜头云苓煲鲫鱼汤对此有一定的辅助疗效。

野簕苋菜不同于一般的苋菜，它生长在荒地田边，是常见的野菜之一，入汤的话一般只用根头而不用叶部。其味甘、淡而微苦，性微寒，能清热解毒、凉血止痢。如果大便特别臭、甚至出血，便后肠道或肛门有灼热感，这是大肠湿热的表现，可以食用野簕苋菜头；如果是小便黄、涩痛，口舌生疮，多梦，这是心火旺、小肠湿热的表现，可以煲野簕苋菜头汤；如果是口臭、舌苔黄厚腻，这是湿邪在胃内化热的表现，也可用野簕苋菜头来煲鲫鱼汤。

云苓又称为茯苓，有健脾安神、利水渗湿、止泻的功效，也是常用的药食两用之品，临证上主治脾气虚弱之倦怠无力、食少便溏等症。

野簕苋菜头和云苓搭配有健脾和中、利水祛湿功效的白鲫鱼，祛湿清肠热的功效得到增强。而且这款汤汤味非常开胃可口，作为夏秋季肠燥或者大肠湿热病症的食疗是不错的选择。

鲜野簕苋菜头 250~300 克　　云苓 45 克　　　　　陈皮 5 克　　　　　猪瘦肉 150 克

鲫鱼 1~2 条（约 500~600 克）　生姜 3 片

制作

1. 将鲜野簕苋菜头洗净，斩成小段；陈皮浸泡软后刮去白囊，切成丝。
2. 将鲫鱼宰洗干净后起油锅，将鱼身两面煎至微黄，加入少许清水煮沸成白色的鱼汤。
3. 将猪瘦肉洗净，飞水后切成大块状。
4. 将所有主料一起放入瓦煲内，再加入清水 2000 毫升左右（约 8 碗水）。
5. 用武火煮沸后转文火煮约 1 小时左右，进饮时加入适量食盐调味即可温服。

分量
3~4 人份

功效
疏风清热
润燥利咽

薄荷桔梗无花果炖猪瘦肉汤

夏末初秋，气温变化大，稍有不慎容易外感致病而出现上呼吸道不适症状。从中医病因病机上探讨，这种外感多属于温燥袭表，治疗上要从疏风清热、润燥利咽入手解决。薄荷桔梗无花果炖猪瘦肉汤就是一款辅助治疗温燥袭表所致秋日外感病的药膳汤饮。

薄荷是一种药食两用的植物，能疏风散热、清利头目、利咽透疹，多用于治疗风热外感引起的头痛目赤、咽喉肿痛，以及口疮、牙痛、风疹瘙痒等。但薄荷油容易挥发失去效用，故不能久煎久煮。薄荷味辛散，功擅清利，容易发汗耗气，故平素体虚汗多者不宜多食。

桔梗与薄荷搭配起来更能发挥利咽祛痰的作用，临床上对治疗咽喉肿痛、口干咳嗽者有良效。无花果是秋日广东汤的常用汤料，有清润利咽、生津开胃的功效，而且它味甘甜，可以佐制薄荷与桔梗的辛苦药味，令汤品更加可口。

进入秋季，需时刻注意气温变化，若出现咳嗽时咳少量黄痰，伴有咽喉疼痛、鼻塞流黄涕、头痛、目赤、口干苦等急性上呼吸道感染症状者可以尝试饮用这款药膳汤。

| 鲜薄荷叶 30~50 克 | 桔梗 10~15 克 | 干品无花果 5 枚 | 猪瘦肉 400 克 |

1. 将鲜薄荷叶冲洗干净；桔梗和干品无花果洗净后稍浸泡；猪瘦肉洗净后飞水，切成大块。
2. 将除鲜薄荷叶之外的其余主料一起放入炖盅内，加入清水 1000 毫升左右（约 4 碗水）。
3. 加盖后隔水炖约 1 小时，再加入鲜薄荷叶炖 15 分钟左右，进饮时加入适量食盐调味即可。

第四章

秋分

（公历9月22、23或24日）

分量
3~4 人份

功效
健脾胃
润秋燥
防衰老

苹果银耳煲猪腱子肉汤

　　中医认为，苹果有生津、润肺、除烦解渴、开胃醒酒、止泻的多重功效。苹果中含有较多的"苹果酚"，极易在水中溶解，易被人体所吸收。这种神奇的"苹果酚"具抗氧化、抑制黑色素生成、预防高血压、抑制皮肤过敏反应多种功效，且有一定的抗过敏作用。此外，苹果中还含有丰富的维生素C。维生素C可以有效抑制皮肤黑色素的形成，帮助消除皮肤色斑、增加血红素、延缓人体皮肤衰老。所以多吃苹果还具有美容养颜的功效。

　　银耳又称为雪耳、白木耳，其味甘，性平，既有补脾开胃的功效，又有益气清肠的作用，还可以滋阴润肺。另外，银耳还能增强人体免疫力以及增强肿瘤患者对放、化疗的耐受力，所以肿瘤放疗期间可以多食用银耳。

　　苹果银耳煲猪腱子肉汤采用了苹果和银耳的经典搭配，再加上猪腱子肉健脾补中、滋阴益气。此汤品味道清润甘甜、可口开胃，一家老少皆宜在秋分节气多饮用。

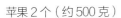

| 苹果2个（约500克） | 干品银耳30克 | 猪腱子肉500克 | 生姜2片 |

1. 将苹果洗净，削皮后"十"字切开，去果核。
2. 将干品银耳浸泡，充分泡发后去蒂，洗净后剪成小朵。
3. 将猪腱子肉洗净，飞水后切大块状。
4. 将除苹果外的其余主料放入瓦煲内，加入清水2000毫升左右（约8碗水）。
5. 用武火煮沸后改文火慢煲1小时，之后加入苹果再慢熬半小时左右，加入适量食盐调味即可。

鲜山药百合大枣甜汤

广东人喜欢在夏秋季食用甜汤，俗称糖水，常在饭后或午后食用。秋季天气温燥，在口燥咽干之时来一碗清润滋补的甜汤，让人身心愉悦的同时又可以保健养生，一举两得。鲜山药百合大枣甜汤所用的山药、百合均是鲜品，鲜品比干品更能清润、生津、止渴。

补脾阴的山药加上清热润燥的百合，再佐以补心脾、养气血的大枣(即红枣)以及清热润燥的冰糖，诸物合用具有补肺脾、润燥热、宁心神的作用。

此甜汤对于平日饮食不规律、应酬多、吸烟饮酒过多的男士或者工作压力大、心烦失眠、潮热咽干的女士，又或者学业繁重、熬夜读书的莘莘学子都是一款非常不错的调养靓汤。最重要的是，此甜汤汤性不温不燥、不寒不热，几乎适合各个年龄段、各种体质的人饮用。

制作

1. 将鲜山药削皮，切片后用清水浸泡（避免氧化变黄）；鲜百合瓣成小瓣，洗净；大枣去核。
2. 将所有主料放入瓦煲内，加入清水 2000 毫升左右（约 8 碗水）。
3. 先用武火煮沸，之后改文火慢熬半小时，煲的过程中不时地搅拌。
4. 根据个人口味加入适量冰糖，充分溶解后即可关火饮用。

主料

鲜山药 300 克
鲜百合 100 克
大枣 8 枚

鲜山药

鲜百合

分量
4~5 人份

功效
补肺脾
润燥热
宁心神

鲜柠檬蜜枣炖乳鸽汤

　　秋分后自然界以"燥邪"当令，日常养生调理就要以"润"为主、养阴为辅。结合秋分节气的滋补需求，为大家推荐一款生津润燥、补虚益精的靓汤饮——鲜柠檬蜜枣炖乳鸽汤。

　　在现在的粤菜中，柠檬逐渐常用，荤味的肉类有了酸香的柠檬，可以去油腻，让人百食不厌。柠檬味酸、微甘，性微寒，入肝、胃经，能生津止渴、清热解暑、和胃降逆、化痰止咳。现代营养学研究还发现，柠檬中富含维生素 C 和柠檬酸，有抗氧化和防治皮肤色素沉着的作用，爱美的人士应该多食用。乳鸽肉厚而嫩、滋养性强，性平，味甘、咸，有益气调精、补虚养脏的功效。《本草再新》医书亦赞誉乳鸽能"滋肾益阴"。蜜枣是广东汤常用佐料。此汤中用到蜜枣，除了清补润肺之外，更重要的是蜜枣味甘甜，既可以中和柠檬的酸味，还可以和柠檬的酸味相得益彰，增强汤品养阴、生津、润燥的功效，这就是中医所说的"酸甘化阴"之意。

制作

1. 将鲜柠檬洗净，切片去核；乳鸽宰洗干净后飞水，斩大块；猪腥肉洗净后飞水，切成小块；蜜枣切两半。
2. 将所有主料放入炖盅内，加入清水 1250 毫升（约 5 碗水）。
3. 加盖后隔水炖 3 小时，进饮时加入适量食盐温服。

主料

鲜柠檬 1/3~1/2 个
蜜枣 2 枚
乳鸽 1 只
猪腥肉 200 克
生姜 2 片

鲜柠檬

分量
3~4 人份
功效
生津润燥
补虚益精

滋润红豆雪耳羹

中医认为，"春夏养阳，秋冬养阴"。秋分后的饮食建议是适当多食酸味和甘润的食物，少吃辛辣食物。如多吃藕、木耳、银耳、柚子、梨、鸭、鲫鱼等。秋季适合养阴润补，可以选择防燥不腻的补品，如山药、莲子、芝麻、大枣、沙参、玉竹、百合等都非常合适。

滋润红豆雪耳羹所用到的食材都是常用药食两用之品，功效大家耳熟能详。北沙参、玉竹能清虚热、益肺胃阴；雪耳、马蹄粉清补滋润，是秋燥天气润燥益肤的佳品；而红豆则色红入心、脾经，在补心脾、养气血的同时还能清补祛湿。

这道羹汤特别适用于有疲倦少气、干咳少痰、口干舌燥、烦热多汗、大便干结等症状的气阴不足兼虚热内扰的人食疗之用，可以起到滋阴清热、益气养血的养生功效。

制作

1. 将北沙参和玉竹装入汤料袋，再将袋口扎好；红豆隔夜浸泡；干品雪耳充分泡发后去蒂，撕成小朵；马蹄粉加少许清水充分溶解成芡。
2. 将装有北沙参和玉竹的汤料袋、红豆和雪耳一起放入瓦煲内，加入清水 2000 毫升左右（约 8 碗水）。
3. 先用武火煮沸，之后改文火慢熬 1 小时左右，直至红豆煲"开花"。
4. 把汤料袋取出，根据个人口味加入适量冰糖，兑入马蹄粉芡，煲的过程中不时地搅拌，避免煮糊，约煲 5~10 分钟即可关火食用。

主料

北沙参 30 克
玉竹 30 克
红豆 100 克
干品雪耳 30 克

北沙参

玉竹

分量
3~4 人份

功效
滋阴清热
益气养血

粉葛鱼腥草煲猪大骨汤

　　粉葛味辛而性凉，有解肌退热、生津止渴、清胃热、升阳止泻等多重功效。此外，粉葛还有辅助降血糖、降血脂、解酒毒、防便秘之效。广东人在夏秋之际尤喜饮用粉葛汤，有健脾祛湿、生津止渴和清泻肺胃之火的食疗功效。

　　鱼腥草，又名蕺草，入肺经，性凉，味辛，具有清肺热、祛湿热之功，对痰热、喘咳、肺炎、支气管炎，以及尿道感染、呼吸系统的癌症等有很好的疗效。民间常用它干燥的嫩茎、枝等入汤，或泡凉茶。入秋之后，以新鲜鱼腥草的茎、枝一起煲猪肺、猪瘦肉或者猪骨头是民间的药膳汤饮，亦是肺燥、喘咳、肺炎以及尿道感染等病症的有效辅助治疗汤饮。

　　现时秋分节气，暑热、秋燥、湿热等外邪兼有，容易合而侵犯人体。粉葛鱼腥草煲猪骨汤简单易做，汤味甘醇，为时下养生调理的大众化家庭药膳汤饮，有调和阴阳、健脾祛湿、清热润燥的功效。

制作

1. 将各物分别洗干净；鲜粉葛削皮后切成块；蜜枣去核；猪大骨斩块后飞水。
2. 将所有主料一起放入瓦煲内，加入清水 2500 毫升左右（约 10 碗水）。
3. 用武火滚沸后改文火慢煲约 2 小时左右，进饮时加入适量食盐温服即可。

主料

新鲜鱼腥草 150 克

鲜粉葛 500 克

猪大骨 600 克

蜜枣 2 枚

生姜 3 片

新鲜鱼腥草

鲜粉葛

分量
3~4 人份

功效
调和阴阳
健脾祛湿
清热养阴

虫草花枸杞子煲兔肉汤

　　虽然中医认为，"秋冬养阴"，但在初秋、中秋和深秋这三个不同阶段，养阴的程度均有所不同。初秋阶段，切记不可温补，以免燥热上火。饮食上应以清补或平补为主。

　　虫草花，就是在培养基里人工培育出的蛹虫草。虫草花并非花，它是人工培养的虫草子实体，与常见的香菇、平菇等食用菌很相似，只是菌种、生长环境和生长条件不同。虫草花外观上最大的特点是没有了"虫体"，而只有橙色或者黄色的"草"。现代营养研究发现，虫草花含有丰富的蛋白质、微量元素和维生素。

　　兔肉属于高蛋白质、低脂肪、低胆固醇的肉类，所以它是肥胖者和心血管疾病患者的理想肉食。兔肉味甘、性凉，能补脾益气、止渴清热，亦是夏秋季的理想清补或平补肉类。

　　这款靓汤清润可口，有滋阴安神、平补肝肾的功效，亦可作为阴虚火旺证型的失眠者的食疗之用。

1. 将药材稍冲洗干净；兔肉洗净，斩块后飞水；大枣去核。
2. 将所有主料一起放入瓦煲内，加入清水 2000 毫升左右（约 8 碗水）。
3. 先用武火煮沸，之后改文火慢煲 2 小时左右，进饮时加入适量食盐温服便可。

主料

虫草花

虫草花 40 克
枸杞子 15 克
兔肉 500 克
生姜 3 片
大枣 5 枚

分量
3~4 人份

功效
滋阴安神
平补肝肾

木瓜椰青煲猪肚汤

秋季是润肺养胃的好时节，在食补上适合清补或平补，给大家推荐一款老少咸宜的润肺健胃汤——木瓜椰青煲猪肚汤。

木瓜被称为是"百寿之果"，中医认为木瓜有健脾胃、促消化、醒酒、催乳等作用。木瓜中的酶素则对消化不良或有胃病的人群有辅助治疗作用；同时，木瓜也是一种天然的抗氧化剂，能高效地清除体内的自由基，在一定程度上可以延缓人体的衰老。猪肚是补脾胃之要品，可以通过调理脾胃达到补中益气的效果。因此，这款汤很适合作为家庭保健汤水，特别适合胃肠道不适的人群。

制作

1. 将木瓜去皮、去核后切大块备用；猪肚内侧用较多的生粉或者粗盐反复搓抓多次，再用同样的方法处理外侧后冲洗干净。
2. 锅中加入适量清水及生姜片、少许料酒，煮沸后放入猪肚余烫，捞起后用刀刮净猪肚上的白苔，之后切成小块状。
3. 将所有主料一起放入瓦煲内，加入清水 2500 毫升左右 (约 10 碗水)。
4. 用武火煮沸后转文火慢煲 1.5 小时左右，进饮时加入适量食盐调味温服。猪肚可捞起加酱油及胡椒粉调味佐食。

主料

木瓜

椰青

木瓜 500 克
椰青 (即未成熟的椰子)1 个
猪肚 600 克
无花果 5 颗
生姜 3 片

功效
健脾补中
益气润燥

西洋菜滚双丸汤

西洋菜是广东特有的菜种，有良好的清燥、润肺、止咳的功效。西洋菜滚双丸汤，有清燥润肺、暖胃健脾、益阴补益的功效。

秋天，人体上呼吸道黏膜防御功能相对减弱，易受细菌、病毒侵袭，出现咽干、喉痛、声嘶、咳嗽痰稠、便秘等症状。西洋菜有良好的润肺止咳功能，食之可助人安度年终岁首，被誉为"天然的清燥救肺汤"。挑选西洋菜时，以嫩而粗壮的为上选；如果茎太细太长意味着已经变老，最好不要购买。

墨鱼丸为新鲜的海鲜墨鱼肉剁烂制成的丸子，以潮汕手工造的为最佳。中医认为它有养血、滋阴、益胃的功效。牛肉丸亦是潮汕地区的特色美味，色泽红润，口感柔脆有弹性，味道鲜美馨香，有很好的补中益气、滋养脾胃、强健筋骨的食疗功效。

用墨鱼丸及牛肉丸搭配应季的西洋菜一起滚汤饮用，汤品味道鲜美，做法简单，实为秋季的一款时令家庭靓汤。

制作

1. 将西洋菜择洗干净，晾干水分；墨鱼丸和牛肉丸洗净后对半切开。
2. 锅里加入生姜片和清水2500毫升左右（约10碗水），用武火煮开后依次加入牛肉丸、墨鱼丸和西洋菜。
3. 稍滚5分钟后加入适量花生油、食盐和生抽即可温服。

主料

西洋菜 400 克

墨鱼丸、牛肉丸各 8 个

生姜 3 片

西洋菜

分量
3~4 人份

功效
清燥润肺
暖胃健脾
益阴补益

黄芽白滚杂鱼汤

　　滚鱼汤要想味道好，搭配的食材一定要清香鲜甜。古人认为"秋末晚菘"与"春初早韭"是蔬菜中味道最好的，所以选用了黄芽白和芫荽用来搭配杂海鱼。黄芽白古称"菘"，质地柔嫩，味道鲜美，而且黄芽白富含维生素A、维生素C及大量B族维生素，是非常有益身体的蔬菜。黄芽白味甘，性凉，有清热除烦、解渴利尿、通利肠胃的功效。

　　芫荽又名香菜，是药食两用之品，本身气味浓郁芬芳，有助于醒脾开胃和去鱼腥味。更重要的是，芫荽还有发汗透疹、祛风解表的功效，对于小儿麻疹应出不出或疹出不透，或者外感风寒的人都有非常好的辅助治疗作用。

　　此汤不仅鲜美可口、清润有益，而且还有预防初秋流行性感冒和辅助治疗小儿麻疹的功效。

制作

1. 将黄芽白洗净，切段；杂鱼去肠肚，宰洗干净，晾干水分；芫荽切小段；生姜片切丝备用。
2. 先起油锅，将杂鱼煎至鱼身两面微黄，滴上几滴料酒，然后加入生姜丝和清水1500毫升左右（约6碗水）。
3. 用武火滚沸后，加入黄芽白菜，滚至刚熟。
4. 最后放入芫荽段，加入适量食盐和胡椒粉调味即可温服。

主料

黄芽白 4000 克

杂鱼（几种小海鱼）

若干条约 500 克

芫荽 30 克

生姜 4 片

胡椒粉适量

黄芽白

芫荽

分量
3~4 人份

功效
清润利水
开胃益肠

分量
3~4 人份

功效
清凉润燥
益胃生津

鲜海蜇雪耳白莲煲猪腱子肉汤

秋分节气之后，广东地区基本已进入初秋，昼夜温差加大，秋风渐起，风干物燥，很容易伤及肺阴，使人患呼吸道疾病。所以日常饮食应注意养肺、润燥和生津。平时少食辛辣的食品，要多吃些白色入肺经且具有滋阴润燥功效的食物，如雪耳、甘蔗、雪梨、白莲子、山药、白果、秋藕等。

海蜇，沿海地区也叫海蜇头。海蜇味咸，性凉，能清热平肝、化痰消积、滋阴润燥，还可以辅助降压消肿，特别适合高血压、水肿和肾炎患者食疗之用。《医林纂要》中记载海蜇能补心益肺、滋阴化痰、止嗽除烦。

雪耳和白莲子入肺经，更是大家秋季必备的滋补食材，有滋阴生津、润肺养胃的作用，对于虚劳咳嗽、痰中带血、津少口渴、胃虚脾弱等病症有一定的食疗价值。

上述 3 种食材再搭配上滋阴润燥、补益健脾的猪腱子肉一起入汤，使得汤味更加鲜甜可口，而且清润而不寒凉、清补有益，是一款不错的清凉润肺、益胃生津的秋日靓汤。

鲜海蜇丝 250 克

鲜雪耳 150 克
（或干品雪耳 15 克）

猪腱子肉 400 克

鲜白莲子 100 克
（或干品白莲子 40 克）

生姜 2 片

制作

1. 将鲜海蜇丝清洗数次，洗去咸味和细沙；鲜雪耳用清水泡发后洗净，切去硬蒂，撕成小朵；鲜白莲子洗净；猪腱子肉洗净，切薄片。
2. 把备好的海蜇丝、雪耳、鲜白莲子放入锅内，加入清水 2000 毫升左右（约 8 碗水）。
3. 用武火煮沸后改文火煲约半小时，放入猪腱子肉片和生姜片，再用武火滚至肉片熟，最后加入适量食盐调味即可温服。

秋葵木耳蛋花羹

防治"秋乏"的关键要注意均衡营养，多食富含维生素和高纤维素的蔬果，增强免疫力。重点推荐的就是秋葵，它含有蛋白质、糖类及丰富的维生素，可以增强人体免疫力。中医认为，秋葵有一定的壮阳、补肾、清热利湿的功效。

木耳又称为云耳，其价格虽然不高，但作用大。木耳质软味鲜、营养丰富，有滋补、润燥、养血益胃、润肺润肠的功效。因秋葵性偏寒，本汤用有滋补肝肾、益精明目作用的枸杞子以及性温、能补中益气的大枣与其搭配，可以预防秋葵的寒性太过。

上述材料合而为汤，汤羹口感柔细润滑，是一道抵御秋燥、减弱秋乏的养生佳品。

制作

1. 将鸡蛋提前打成蛋浆备用；秋葵洗净，切成小段；木耳浸发后去蒂，切成小块。
2. 把生姜、大枣、黑木耳块、秋葵段一起放入瓦煲内，加入清水1500毫升左右（约6碗水）。
3. 先用武火煮沸，之后改中火再滚5分钟左右。
4. 倒入鸡蛋浆和枸杞子，搅拌均匀，最后加入适量花生油和食盐调味温服即可。

主料

秋葵 200 克

木耳 50 克

鸡蛋 3 个

枸杞子 15 克

生姜、大枣、盐各适量

秋葵

木耳

分量
3~4 人份

功效
养血润燥
补肝益肾

山药南杏仁大枣牛奶煲猪瘦肉汤

秋风起，燥气生。进入秋分节气，大家会发现皮肤干燥、咽喉干痛、干咳、便秘等症状多了起来，所以清润益肺、补益脾胃的汤饮是时下的首选。

山药是一种具有补益强健功能而性味平和的药食两用药材，以产于河南焦作的淮山药为道地药材。鲜品建议最好选用铁棍淮山药，其粗细均匀、肉质较硬、粉性足、断面细腻、黏液少，而且水分比普通山药含量少，煮食口感较细腻、软绵。但山药不宜多吃，多吃容易使脾胃气机堵塞而出现胃脘胀闷不适。南杏仁即甜杏仁，是常用的润肺、止咳、平喘的汤料之一。此外，南杏仁还具有润肠通便的作用，而且不像北杏仁那样带有一点小毒性，比北杏仁更滋润。牛奶甘凉，能补虚损、益肺胃、养血、生津润燥、解毒，与南杏仁配合可加强润燥生津、护肤养颜的效果。

本汤具有清润益肺、补益脾胃等功效，适宜初秋出现"干燥"症状者。秋季天气干燥，大家不妨试试这款靓汤。

制作

1. 将鲜淮山药削皮后切块，再用清水浸泡；猪瘦肉飞水后切成小方块状。
2. 将除牛奶外的其余主料一起放入瓦煲内，加入清水1250毫升左右（约5碗水）。
3. 用武火煮沸后调文火慢熬45分钟左右，再倒入鲜奶煮沸即可关火，进饮时加入适量食盐调味即可。

主料

鲜淮山药 300 克
干淮山药 50 克
南杏仁 40 克
大枣 15 克
牛奶 800 毫升
猪瘦肉 400 克
生姜 2 片

鲜淮山药

南杏仁

分量
3~4 人份

功效
清润益肺
补益脾胃

罗汉果鸡骨草煲猪横脷汤

　　中医五脏五行的理论认为，肺属金，肝属木，秋季肺脏当令，肺气强盛之余容易阻滞肝气和消耗肝阴，出现肝区隐痛、烦躁失眠、双眼干涩等病症；反过来，肝火过旺则易反侮肺金，临床上出现肝火犯肺的病症，如咳嗽咳痰、痰黄质黏、咽痛咽干等。这款节气靓汤可以有效减轻以上的肺燥和肝火病症。

　　罗汉果为广东民间熟悉的秋燥常用药食兼补品，其味甘，性凉，有清热润肺、化痰止咳、生津润燥的功效，常用来煲汤或者泡茶饮用。鸡骨草是常见的清肝火、疏肝气南药，临证经常用于肝火旺盛、肝区疼痛、肝郁气滞等病症；还可以清胃火、止疼痛，如果有肝火、胃火导致的牙痛症状也可以用这款药膳汤品辅助治疗。如果热证比较明显或湿热兼之，汤谱中还可添加绿豆和薏苡仁，以增强清热祛湿的疗效。

制作

1. 将主料洗净；罗汉果捏碎；干鸡骨草剪成小段；猪横脷和猪瘦肉切块氽水；绿豆隔夜浸泡。
2. 将所有主料一起放进瓦煲内，加入清水 2000 毫升左右（约 8 碗水）。
3. 用武火煮沸后改文火慢熬 1.5 小时左右，进饮时加入适量食盐调味即可温服。

主料

罗汉果 1 个
干鸡骨草 80 克
绿豆 50 克
薏苡仁 50 克
猪横脷 400 克
猪瘦肉 100 克

罗汉果

干鸡骨草

分量
3~4 人份

功效
润燥生津
清热益肝

滋补田螺煲土鸡汤

大家都知道牛奶是补钙的第一选择，其实田螺、石螺的含钙量也较高。田螺性微寒，能滋阴潜阳、生津、补益肝肾，与雪耳、枸杞、桂元肉、党参搭配，可以益气健脾、滋阴润燥，也正适合中秋气候的变化特点，而且汤中田螺的寒性正好与鸡的温性调和。

这道汤加入了白菜干，增鲜的同时还能够去一下鸡汤的浮油。而且白菜干还有清热除烦、润肺止咳、滋阴养血、辅助降血压、消滞通便的食疗功效，非常适合秋燥天气用来煲汤饮用。

制作

1. 提前买好田螺，洗净后用清水养 2~3 天，待其把泥沙吐出来后再次清洗干净，待到煲汤前再斩掉螺尾。
2. 将土鸡宰洗干净，鸡头和鸡屁股丢弃，将鸡斩块后飞水；雪耳、干冬菇用温水泡发，去蒂后切成小块；白菜干洗净，浸泡软后切成小段；药材稍稍冲洗干净备用。
3. 将所有主料一起放入瓦煲内，加入清水 2500 毫升左右（约 10 碗水）。
4. 用武火煮沸后改文火慢熬 2 个小时左右，进饮时加入适量食盐调味即可温服。

主料

田螺 250 克

田螺

土鸡 600 克

党参 20 克

枸杞 5 克

党参

桂元肉 10 粒

雪耳 1 朵

干冬菇 5 朵

白菜干 30 克

生姜 2 片

分量
3~4 人份

功效
滋阴润燥
益气健脾

分量
3~4 人份

功效
温肺散寒
化痰止咳

紫苏核桃北杏仁煲猪肺汤

秋分时气温开始下降，早、晚温差大，秋燥也比较明显，但以"凉燥"为主。感受"凉燥"的人群容易出现怕风寒、干咳无痰、口咽干燥等症状。由于南方季节变化比北方晚，所以此时"凉燥"暂不明显，不过先给大家介绍一款温润的汤水以备不时之需。

汤中的紫苏叶辛温不燥，具有使"凉燥"之邪从外而散的功效。北杏仁苦温而润，具有降利肺气、润燥止咳的功效。对于秋季感受"凉燥"后出现恶寒无汗、头微痛、干咳、鼻塞咽干等症状的人群，建议可以煲这款汤水辅助治疗。

汤饮中还加入了核桃，主要取其补肾益精、温肺定喘的功效，所以这款汤饮特别适合体虚的中老年人外感凉燥饮用。需要注意的是，由于北杏仁有小毒，故不能生吃，内服也不宜用量过大。

| 干品紫苏叶 10 克
（鲜品加倍） | 核桃肉 4 个 | 北杏仁 15 克 | 猪肺半个 |

猪瘦肉 150 克　　生姜 2 片

制作

1. 将干品紫苏叶、北杏仁、核桃肉稍冲洗干净；猪瘦肉洗净后飞水，切成块状。
2. 将连着猪肺的喉管套在水龙头上，一边灌水一边轻拍猪肺，用力搓，并倒去肺中污水，反复搓洗数次，直至猪肺变白，之后挤干水，切成大块，不下油用铁锅慢火将猪肺炒干，最后切薄片备用。
3. 将所有主料一起放入瓦煲内，加入清水 2500 毫升左右（约 10 碗水）。
4. 用武火煮沸后改文火慢熬 1 个小时左右，进饮时加入适量食盐调味即可温服。

第五章

寒露

鲜桑叶滚金银蛋汤

桑叶入药，以深秋采摘最佳，谓之"霜桑叶"。桑叶味苦、甘，性寒，归肺经、肝经，有疏散风热、清肺止咳、清肝明目的功效，主治风热感冒、风热咳嗽、肺燥干咳，以及肝阳上亢所致的目赤肿痛、眩晕等症。

秋天经常有的干燥症其实就是各种腺体分泌不够，中医认为是阴液亏损的表现，多饮鲜桑叶汤就有不错的清润功效，可以在清热解表的同时滋润人体，缓解秋燥的各种病症。

用鲜桑叶搭配润肺养阴、促进消化吸收的皮蛋和滋阴清肺、坠火开胃的咸蛋一起来滚汤饮用，做法简单，营养美味，同时也可以作为深秋时防治外感温燥、调理人体肠胃功能的节气养生保健汤饮。

制作

1. 将鲜桑叶洗净切段；咸蛋和皮蛋去壳后切粒状；猪瘦肉洗净后切薄片；生姜片切丝。
2. 起油锅，放入生姜丝和猪瘦肉片爆炒片刻，再加入清水1500毫升左右（约6碗水）。
3. 用武火滚沸后依次放入咸蛋粒、皮蛋粒和鲜桑叶段，稍滚片刻后下适量食盐调味即可温服。

主料

鲜桑叶 150 克

（以嫩叶滚汤为佳）

咸蛋 1 个

皮蛋 1 个

皮蛋

猪瘦肉 100 克

生姜 3 片

分量
3~4 人份

功效
疏风清热
润燥益胃

葛花扁豆竹蔗煲猪瘦肉汤

入夜后，经常有不少人喜欢三五成群地欢聚在大排档喝啤酒、吃烧烤，开心之余容易喝酒过量导致宿醉，次日醒来才觉得口干咽燥、头痛乏力、纳差欲呕、尿黄甚至便血等。从中医角度分析，这些都是饮酒过多，酒毒内蕴，热伤胃肠所致。

中药当中最出名的解酒中药莫过于野葛花和白扁豆了。野葛花性凉，味甘，能醒脾、清肺、解酒。《本草纲目》说它能"治肠下血"；《医林纂要》认为它能"清肺"；近代的中医医家均认为它能治饮酒积热、毒伤脾胃、发热烦渴、小便赤少。白扁豆性平，味甘，能健脾化湿、和中消暑。《本草纲目》记载白扁豆能"止泄泻、消暑、暖脾胃"。竹蔗在秋季成熟，其味甘，性凉，有清热生津、开胸利膈、利尿凉血之功，是酒醉人士用来利尿排毒的纯天然食材。

这款靓汤甘甜开胃，既可以作为秋季润燥开胃、清肺胃热的节气养生汤饮，亦可作为醉酒人士用来解酒醒脾、利尿护肝的饮品。

制作

1. 将白扁豆浸泡过夜；竹蔗洗净，去皮后斩成小段；猪瘦肉洗净，飞水后切成小方块状。
2. 将所有主料放入瓦煲内，加入清水2000毫升左右（约8碗水）。
3. 先用武火煮沸，之后改文火慢熬1小时左右，进饮时加入适量食盐调味即可温服。

主料

野葛花 30 克
白扁豆 50 克
竹蔗 200 克
猪瘦肉 250 克
生姜 2 片

野葛花

白扁豆

分量
3~4 人份

功效
解酒醒脾
利尿生津

分量
3~4 人份

功效
润肺益脾
润肠通便

南杏仁火麻仁煲白肺汤

　　秋季气候干燥，加上肠胃功能变弱，不少人都会出现大便干结甚至便秘的情况，这在中老年人当中更加常见。中医认为"肺与大肠相表里"，正是由于肺气的肃降作用，大肠才能正常发挥传导糟粕的排泄功能，人体排便就会正常。每逢秋燥侵害肺时，灼伤肺阴，津液亏少，会导致肠燥便秘；肺脏肃降功能的减弱，大肠传导无力，也会出现大便干燥、便秘等症状。所以对于秋燥便秘，关键在于下病上治，从润肺通便着手。

　　南杏仁俗称甜杏仁，味微甜，口感细腻，多用来制作食品。南杏仁擅长补肺润燥；而北杏仁味稍苦涩，长于宣降肺气、化痰。

　　现代人进食燥热煎炸的食物比较多，特别在秋燥季节，很多人都会有肠热、津液亏损的证候，这时以食疗的方式来清润肠道就非常有必要了。火麻仁味甘，性平，归脾、大肠经，有很好的润肠通便、益脾补虚的功效。

　　汤品中还搭配了猪肺，加强肺气的宣发肃降，使大肠更好地发挥传导糟粕的功能。

南杏仁 15~20 克
（视便秘程度适量增减）

猪肺 500 克

猪腱子肉 150 克

生姜 2 片

火麻仁 30~50 克
（视便秘程度适量增减）

制作

1. 将连着猪肺的喉管套在水龙头上，一边灌水一边轻拍猪肺，用力搓，并倒去肺中污水，反复搓洗数次，直至猪肺变白，之后挤干水，切成大块，不下油用铁锅慢火将猪肺炒干，最后切薄片备用。
2. 将猪腱子肉飞水后切小方块状。
3. 将所有主料放入瓦煲内，加入清水 2000 毫升左右（约 8 碗水）。
4. 先用武火煮沸，之后改文火慢熬 2 小时，进饮时加入适量食盐调味即可。

分量
3~4 人份

功效
清补开胃
润肺利咽

金鼓鱼百合煲猪排骨汤

　　寒露之后,冷空气活动开始频繁,每次冷空气到来都会出现一次降温,但也比较反复,常常形成"三日寒、四日暖"的寒暖交替的天气变化。在这种气候条件下,人们上呼吸道疾病的发病率就会升高。金鼓鱼百合煲猪排骨汤是粤西沿海地区秋季常饮用的养生保健汤水,特别适合儿童应季保健之用。

　　金鼓鱼外形漂亮、肉质鲜嫩、营养丰富,而且不温不寒,有补益养身、化痰利咽、清热润肺的食疗功效,最适合小孩子食欲不佳而又有咽喉不适、干咳少痰等症状时食用。据民间考证,金鼓鱼背鳍的前 10 个鳍条有毒腺,被其刺中就会红肿而且疼痛难当,所以宰杀时要小心。中医认为,苦味的食材大多有清热、燥湿、化痰的功效,金鼓鱼的苦涩味道正是来源于背鳍的毒腺,不过煲汤时的高温足可以破坏掉金鼓鱼背鳍毒腺的毒性,所以食用时大可放心,并且千万不要像宰杀其他鱼一样去掉金鼓鱼背鳍的鳍条。

　　搭配金鼓鱼,我们选了鲜百合,因为在秋冬季,咽部不适、咳嗽和心烦失眠等症状都是比较常见的,用鲜百合恰好能够利咽化痰、润肺止咳和清心安神。

　　这款靓汤汤色乳白,味道鲜美可口,尤其适合寒露之后饮用,有防治上呼吸道疾病的良好食疗功效。

| 金鼓鱼 500 克 | 鲜百合 200 克 | 猪排骨 200 克 | 生姜 3 片 |

制作

1. 将金鼓鱼洗净,去肠肚,斩成大块;鲜百合掰好洗净;猪排骨洗净,斩段后飞水备用。
2. 将猪排骨段和生姜片先放入瓦煲内,加入清水 2000 毫升左右（约 8 碗水）,用武火煮沸后改文火慢熬 30 分钟。
3. 加入金鼓鱼块,用武火煮沸后改文火慢熬 15 分钟。
4. 最后加入鲜百合再慢熬 15 分钟,进饮时加入适量食盐调味即可温服。

番薯叶滚土猪肉汤

番薯浑身是宝，番薯叶的食疗也很高。番薯叶在国际上有"蔬菜皇后"的美称，营养价值比番薯还要高；它所含的一种独特的胶黏蛋白和各种维生素，能够增强人体免疫力。多吃番薯叶能对人体肝脏的造血功能有益，特别是番薯叶的维生素 A 非常丰富，吃 300 克番薯叶就可以补充人体一天所需的维生素 A。

秋冬进补，补充足够的优质蛋白质都是十分必要的。选用土猪肉入汤，汤品更加鲜甜可口、清润补益。

可别小瞧这道朴实无华的日常滚汤，追求的正是原汁原味和适应对象的大众化。此汤品制作起来简单快捷，适合快节奏的都市上班一族或者老中青少结合的大家庭在秋季佐餐健体饮用。

制作

1. 将番薯叶洗净，晾干水分；土猪瘦肉洗净后切片。
2. 起油锅，将土猪瘦肉片和生姜片稍稍炒一炒。
3. 加入枸杞子和清水 1500 毫升左右（约 6 碗水），用武火煮沸后稍滚 3 分钟。
4. 最后放入番薯叶滚至熟，加入适量食盐调味即可温服。

主料

番薯叶

番薯叶 400 克

土猪瘦肉 150 克

枸杞子 10 克

生姜 3 片

枸杞子

分量
3~4 人份

功效
生津润燥
健脾宽肠

金钱草墨鱼骨煲猪脵汤

广金钱草味甘、淡，性凉，入肝、胆、胃经，主要有清热祛湿、清肝利胆、利尿排石的功效。小剂量的广金钱草用于食疗之用其实还有护肝、解酒毒和消食滞的作用，煲汤饮用可用于应酬之后醉酒食滞者。

墨鱼骨是中药海螵蛸的原材料，为墨鱼的内壳。煲汤饮用，鲜品为佳，汤味会更鲜甜；当然，如果找不到鲜品墨鱼骨，去中药铺买干品海螵蛸亦可。墨鱼骨是很好的护胃食材，中医认为它能除湿、制酸、止血、敛疮，专治酒后伤胃所致的胃痛反酸、呕血、便血等胃肠道病症。

假期欢聚，大家在吃喝的同时常常伴有熬夜的不良生活习惯，本汤品还搭配了胶原蛋白丰富的鸡爪入汤，增强汤味的同时还能润肤美颜，有助于减轻熬夜对肌肤的损害。

制作

1. 将鸡爪洗净，拍碎后飞水；猪脵肉洗净，飞水后切大块状。
2. 将所有主料共入瓦煲内，加入清水 2000 毫升左右（约 8 碗水）；
3. 先用武火煮沸，之后改文火慢熬 2 小时左右，进饮时方加入适量食盐温服。

主料

广金钱草 15 克

墨鱼骨 20 克

鸡爪 3 对

猪脵肉 400 克

生姜 2 片

广金钱草

墨鱼骨

分量
3~4 人份

功效
清肝胆湿热
消滞护胃

白萝卜煲牛尾汤

　　十月后的岭南地区已进入秋末冬初，气温逐渐转凉，人体应当顺应天时的变化而养精蓄锐，蓄势待发，为来年春夏阳气升发打基础、固根基。但现时进补仍然不能大补、温补，以免温燥伤肺阴。所以日常饮食多以润燥、平补的食物为主，首选萝卜、牛肉、牛尾、牛骨之类。

　　十月前后的白萝卜不但是当令果蔬之一，物美价廉，而且因为白萝卜具有利咽化痰、消食顺气、润燥生津的功效，非常适合时下气候特点养生食疗之用。

　　本汤饮中选用了牛尾入膳，皆因白萝卜和牛尾搭配算是绝配。牛尾膻味比较淡、少油腻、味道浓郁、口感舒适，更重要的是它富含蛋白质、营养丰富。中医认为，牛尾性温，有补气养血、滋养脾胃、壮腰补肾的功效，尤其适合体虚、术后者或老少人群初冬进补之用。

　　白萝卜煲牛尾汤清香鲜甜，平补有益，是深秋时节一款顺应"天人合一"的滋补养生汤品，老少咸宜。

制作

1. 将白萝卜削皮切大块；牛尾剁成段后洗净，用锅烧开水后加少许料酒飞水，之后用冷水冲洗干净；香菜切小段。
2. 将牛尾段和生姜片放入瓦煲内，加入清水 2500 毫升左右（约 10 碗水），用武火煮沸后改文火慢熬 1.5 小时左右。
3. 放入白萝卜块后再一起煲半小时左右，加入香菜段和适量食盐调味即可温服。

主料

白萝卜 600 克
牛尾 700 克
生姜 4 片
香菜适量

白萝卜

牛尾

分量
4~5 人份

功效
益胃润燥
壮腰补肾

浮皮肉末滚西洋菜汤

　　进入寒露节气，天气最大的特点就是干燥，很多人经常觉得咽喉不适，有些干咳症状。此时的汤饮最重要的就是要"清燥润肺"了。

　　"浮皮"为猪皮加工后的干品，是广东饮食中很有特色的食材，多为烩羹、滚汤或者滚粥用，含有较多的胶原蛋白，用于润肤养颜尤佳。

　　西洋菜口感脆嫩爽口，口味清香诱人，做汤或炒食均宜。它性凉，味甘、辛，入肺经，常吃能清燥润肺，是治疗肺痨的理想食物，对于肺燥肺热所致的咳嗽、咯血、鼻子出血都有较好的疗效，在秋冬季被誉为"天然的清燥救肺汤"。

　　这款汤清香鲜甜，清润有益，是大众化的节气家庭汤饮。需要注意的是，因为浮皮和猪瘦肉已经预先用生抽腌过，所以在放盐之前先试一试味道，避免过咸。

制作

1. 将西洋菜择洗干净；浮皮泡软后洗净，切成小块飞水；猪瘦肉洗净后剁成肉末；生姜片切丝。

2. 将浮皮块、猪瘦肉末和生姜丝倒入碗内，加少许花生油和生抽搅拌均匀后腌制 15 分钟左右。

3. 锅内加入清水 2000 毫升左右（约 8 碗水），用武火煮沸后把碗内的浮皮块、猪瘦肉末和生姜丝倒入锅内，用筷子边滚边搅拌开。

4. 约滚 3 分钟后再放入西洋菜，滚至熟后加入适量食盐调味即可温服。

主料

西洋菜 400 克
浮皮 30 克
猪瘦肉 150 克
生姜 2 片

西洋菜

浮皮

分量
3~4 人份

功效
清燥润肺
养颜护肤

白菜蜜枣煲牛百叶汤

中医认为，燥邪既易伤肺又易伤胃，容易造成肺、胃津液不足，症见口渴多饮或干咳痰少。所以寒露养生的重点应放在护肺保阴以及护脾养胃上，饮食方面要注意少吃辛辣刺激的食物，汤品要注重滋阴益气、益肺养胃。

秋日的白菜用广州人的话来说是"香、甜、淋"，用它煲汤更是"清、润、靓"。白菜性平，味甘，有解热除烦、解渴的作用。《饮膳正要》说它"主通利胃"。蜜枣益气生津、润肺，与白菜同用更增清润生津之功。

牛百叶性平，味甘、咸，有补虚弱、益脾胃的作用，配以猪瘦肉可使汤味更鲜美。需要注意的是，牛百叶如果颜色过白，而且体积肥大的，应该避免购买，因为这种牛百叶有可能用甲醛浸过，手一捏会很容易碎，加热后会很快萎缩。

白菜蜜枣煲牛百叶汤可谓秋日润肺、润脾、润胃的汤品，秋天多饮用对清燥火很有帮助。而且这款汤清热而不伤胃、润燥而不滞脾，老少咸宜，是家庭常用的清润汤品，还可缓解秋季常见的口鼻干、嘴唇裂等秋燥症状。

制作

1. 将所有的主料清洗干净；白菜梗叶切开；牛百叶切段；猪瘦肉切片。
2. 将所有主料一起放入瓦煲内，加入清水 2500 毫升左右（约 10 碗水）。
3. 先用武火煮沸，之后改用文火慢煲 1.5 小时左右，进饮时加入适量食盐调味即可温服。

主料

白菜 500 克
蜜枣 2 枚
牛百叶 400 克
猪瘦肉 150 克
生姜 3 片

蜜枣

牛百叶

分量
3~4 人份

功效
益气润肺
健脾养胃

黄芪知母炖双鸡汤

　　近年来糖尿病患者逐年增加，尤其是 40 岁以上年龄段的人群。从中医角度来看，糖尿病多数属于气阴两虚或者阴虚火旺证型，这类患者在干燥的秋季会明显感觉不适。黄芪知母炖双鸡汤既是节气养生汤饮，还是气阴两虚或者阴虚火旺证型糖尿病患者的秋季辅助治疗汤膳。

　　黄芪补气，尤其天冷时，用黄芪煲汤喝全身都会暖暖的。现代药理学研究发现，黄芪可降低血糖，促进胰岛素和C-肽的分泌；同时黄芪能够延缓肾脏组织的纤维化、硬化过程，促使尿中蛋白定量减少，对糖尿病肾病进展有一定的预防作用。

　　知母性寒，味苦，入肺、胃、肾经，能清热泻火、生津润燥。现代药理研究证实，知母具有降血糖、抗血小板聚集等药理作用。黄芪补气，知母消除食气之火。这两个药材属于一温一寒，搭配使用，能抑性取用，对阴虚有热或气阴两虚患者有良好的疗效。

　　这款靓汤我们还用到了两种鸡肉，一种是普通的鸡肉，一种是乌鸡肉。普通鸡肉补的是"气虚"，乌鸡肉补的是"阴虚"，两鸡合用，有气阴双补的食疗功效。

制作

1. 将黄芪、知母稍冲洗干净；两种鸡肉均洗净，切大块后飞水。
2. 将所有主料放入瓦煲内，加入清水2000毫升左右(约8碗水)。
3. 先用武火煮沸后再改文火慢熬 2 小时左右，进饮时加入适量食盐调味温服。

主料

黄芪 30 克
知母 15 克
普通鸡肉 300 克
乌鸡肉 300 克
生姜 2 片

黄芪

知母

分量
3~4 人份

功效
益气养阴
清降虚火

分量
4~5 人份

功效
清润清补
养颜护肤

哈密瓜银耳煲乌鸡汤

哈密瓜素有"瓜中之王"的美称，其性寒，味甘，有清凉消暑、除烦热、清肺燥、生津止渴的食疗功效，是夏秋季解暑、清热、润燥的佳品。现代营养学研究发现，多食用哈密瓜对人体造血功能亦有一定的促进作用，可以用来作为贫血的食疗之品。用于煲汤时，哈密瓜最好是半生半熟的，不然煲好后哈密瓜就成糊状了。

银耳味甘、淡，性平，既有补脾开胃的功效，又有益气清肠、滋阴润肺的作用，既能增强人体免疫力，又可增强肿瘤患者对放、化疗的耐受力。银耳富含天然植物性胶质，加上其又具有滋阴美白的作用，是女性可以长期服用的良好润肤养颜食品。

乌鸡入汤味美而不油腻，非常适合在秋冬季节滋补食用，同时也特别适宜女性调养身体和调经养颜之用。

它们合而为汤，清润滋补，补而不燥，适合现时气候男女老少日常饮用。

主料

哈密瓜 500 克

蜜枣 2 枚

银耳 30 克

乌鸡肉 600 克

猪瘦肉 100 克

生姜 3 片

制作

1. 将哈密瓜去皮、去瓤、切块；蜜枣去核；银耳用温水浸泡开后去蒂，撕成小朵状。
2. 将乌鸡肉洗干净，斩大块后飞水；猪瘦肉洗净，飞水后切块状。
3. 将所有主料放入瓦煲内，加入清水 2500 毫升左右（约 10 碗水）。
4. 先用武火煮沸，之后改文火慢熬 1.5 小时左右，进饮时加适量食盐调味即可温服。

胖大海猫爪草雪梨煲鹧鸪汤

在入冬之前，广东的气候都以温燥或者凉燥天气为主。这段时间，如果饮食上不注意，加上熬夜、吸烟饮酒过多等因素的刺激，咽干咽痛等上呼吸道炎症就容易高发。这种"上火"所致的咽喉疼痛就是西医所讲的"急性咽喉炎"或者"急性扁桃体炎"。从中医角度分析，是虚实夹杂，既有虚火上炎，也有热毒攻喉所致。所以治疗上要补虚泻实，既要滋阴降火，又要清热解毒，还要利咽散结。

胖大海味甘，性凉，入肺、大肠经，具有清肺热、利咽喉、解毒、润肠通便之功效，用于肺热声哑、咽喉疼痛、热结便秘以及用嗓过度等引发的声音嘶哑等症；猫爪草味甘、辛，性微温，归肝、肺经，有化痰散结、解毒消肿的作用，临床多用于咽喉肿痛、淋巴结肿大、扁桃体肿大、头颈部癌肿等病症；雪梨味甘，性凉，入肺经，有清润生津、化痰止咳的功效，是肺热咽痛、咳嗽痰多的食疗佳品；再搭配上利五脏、补中化痰、开胃补益的鹧鸪。

这款汤品补虚泻实，既是寒露冷暖气候变化不定的节气养生汤饮，又是熬夜多、嗜食辛辣燥热食品后导致肺胃热盛、虚火上炎者良好的辅助治疗药膳汤饮。

| 胖大海 2 枚 | 猫爪草 20 克 | 雪梨 2 个 | 鹧鸪 1 只（约 300 克） |

| 猪瘦肉 150 克 | 生姜 2 片 | 蜜枣 1 枚 |

制作

1. 将胖大海和猫爪草洗净，装入汤料袋中，扎好袋口（因胖大海遇水泡发后散开成棉絮状，故用汤料袋包扎好来煲）。
2. 将雪梨洗净，不削梨皮，"十"字切开，去梨核，切块。
3. 将鹧鸪洗干净后斩大块，飞水；猪瘦肉洗净、飞水，之后切成小方块状。
4. 将所有主料放入炖盅内，加入清水 1500 毫升左右（约 6 碗水）。
5. 加盖后隔水炖 3 小时，进饮时加入适量食盐温服。

分量
3~4 人份

功效
益气滋阴
清肝明目

菊花枸杞大枣炖水鸭汤

　　菊花在我国被赞誉为花中四君子（梅、兰、竹、菊）之一，品种繁多。除了作为观赏用途之外，菊花还能入食养生或者入药治病。菊花性寒，味甘，具有疏散风热、清肝火、平肝明目之功效。现代药理研究发现，菊花含有丰富的维生素 A，是维护眼睛健康的重要物质。所以合理应用菊花入膳能让人头脑清醒、双目明亮。特别对由肺火、肝火、熬夜疲劳引起的燥热者，以及用眼过度者的双眼干涩、痒痛、发红等症状有较好的疗效。

　　常规搭配菊花食疗，民间老百姓都知道首选枸杞，皆因两者都入肝经，都有养肝明目的功效，且菊花寒凉、枸杞温热，正好互补中和，取长补短。汤谱中我们还选用了大枣和水鸭搭配。大枣性味甘平，入脾、胃经，有补气益血、健脾和胃的功效，是煲汤佐料的佳品。夏秋两季，广东老百姓都非常喜爱用水鸭入汤，皆因水鸭性凉，有很好的补虚滋阴、利水解毒的功效，正好可以缓解夏季暑热伤阴和秋季燥热耗津给人体带来的各种不适。

主料

干品菊花 15 克

枸杞子 15 克

大枣 5 枚

水鸭肉 600 克

猪脹肉 100 克

生姜 3 片

制作

1. 将干品菊花稍冲洗干净；大枣去核；水鸭肉洗干净，斩块后飞水；猪脹肉洗净，飞水后切成方块状。
2. 将所有主料一起放入炖盅内，加入清水 1250 毫升左右（约 5 碗水）。
3. 加盖后隔水炖 3 小时左右，进饮时加入适量食盐调味便可温服。

黄榄玄参煲猪横脷汤

秋季燥邪当令，而燥邪最易伤及肺阴。中医认为，肺主气，司呼吸。所以秋天的高发疾病以呼吸系统为多，肺脏的门户——咽喉就首当其冲容易受累了。

黄榄是青榄的成熟果品，以广东潮汕和福建一带产的新鲜檀香橄榄为最佳品种，时下秋季亦是其成熟收成之时节。橄榄性平，味甘、酸，能开胃、生津、化痰、利咽，以及可用于解酒和治疗鱼虾过敏之症。急、慢性咽喉炎，扁桃体炎，咽喉不适，肺热肺燥所致的咳嗽痰多等病症皆可以用橄榄作为食疗或者入药使用。

玄参为养阴类的补益药材，具有清热凉血、滋阴降火、除烦清心、通利血脉等功效。猪横脷有润燥、补脾、益肺的作用。

以上材料合而煲汤，汤味甘酸稍涩，有养阴解毒、利咽化痰的上佳食疗功效。这款汤品既是时下秋日霜降节气的应季养生汤饮，亦可作为阴虚型梅核气，阴虚火旺型吸烟饮酒、熬夜多人群以及阴虚夹热型咽喉炎患者的辅助治疗汤饮。

制作

1. 将黄橄榄洗净，拍碎；猪横脷和猪瘦肉洗净，飞水后切成小块。
2. 将所有主料一起放进瓦煲内，加入清水2000毫升左右（约8碗水）。
3. 用武火煮沸后改文火慢熬2小时，进饮时加入适量食盐调味即可温服。

主料

黄橄榄6颗

玄参10克

猪横脷1条（约250克）

猪瘦肉250克

蜜枣1枚

生姜2片

黄橄榄

玄参

分量
3~4人份

功效
养阴解毒
利咽化痰

腐竹白果煲鲫鱼汤

　　腐竹是黄豆制品，含有的磷脂能降低血液中的胆固醇含量，达到预防高脂血症、动脉硬化的效果，所以腐竹有良好的健脑作用，能预防阿尔茨海默病。

　　中医认为，白果有敛肺、止咳平喘的功效，秋冬季食疗使用最合适。现代药理研究发现，白果对高血压、冠心病、动脉粥样硬化、脑血管痉挛等有较好疗效，而且它在调节人体免疫功能、保护肾脏和延缓衰老等的功效在现时的秋冬季都非常实用。

　　鲫鱼虽然价格便宜，但它所含的蛋白质质优、齐全，容易消化吸收，同样是有心脑血管疾病患者的良好蛋白质来源，可以健脑补虚和增强抗病能力。

　　这款靓汤的优质蛋白质含量较高，三种食材搭配烹饪出来的鱼汤味道鲜美，容易消化，尤其适合老人家和小朋友在秋季进补食疗之用。

制作

1. 将所有主料清洗干净；腐竹浸泡软后切段；白果浸泡后去外衣；鲫鱼宰洗干净后用文火煎至鱼身两面微黄。
2. 将所有主料一起放入瓦煲内，加入清水2000毫升左右（约8碗水）。
3. 用武火煲沸后改为文火慢熬1.5小时左右，进饮时加入适量食盐即可。

主料

白果 20 克

鲫鱼 2 条（约 600 克）

腐竹 80 克

生姜 2 片

白果

鲫鱼

分量
3~4 人份

功效
平补益气
健脾润肺

第六章

霜降

（公历10月23或24日）

南瓜绿豆鲜百合甜汤

民间有"秋后的南瓜赛黄金"的说法。霜降之后的南瓜正处于秋熟色黄如金之际，正是老百姓食疗养生安然度过"多事之秋"的应季食材。南瓜肉性温，味甘，入脾、胃经，擅长于补中益气，适合脾胃气虚之人多食。现代营养学研究发现，南瓜所含果胶还可以保护胃肠道黏膜，促进胃溃疡愈合，适宜于慢性胃病患者。南瓜还能促进人体胆汁分泌，加强胃肠蠕动，有助于食物消化。

秋季正是人体肺经当令，主色为白，故多吃白色食物有助于益肺、润肺和养肺。鲜百合就是大众化的秋季上佳药食两用之品。霜降节气之后秋燥当令，不少人容易因燥火或者燥热上升而出现口干舌燥、咽喉干痛、口臭便秘等症状，所以这款汤品在使用南瓜、鲜百合益气润燥的同时还搭配了清热下火的绿豆，这样制作出来的南瓜甜汤食疗功效得到升级，适合一家人饮用。

制作

1. 将南瓜削皮后洗净，切小块；绿豆隔夜浸泡；鲜百合瓣开后洗净。
2. 将绿豆先倒入瓦煲内，加入清水 2000 毫升左右（约 8 碗水），先用武火煮沸，之后改文火慢熬 20 分钟左右，直至绿豆差不多"开花"煮熟。
3. 再依次加入南瓜块、鲜百合，用中火煮至南瓜软熟。
4. 最后根据个人口味，加入适量冰糖调味即可温服。

主料

南瓜 500 克
绿豆 50 克
鲜百合 3 个

绿豆

百合

分量
3~4 人份

功效
清热降燥
润肺益胃

枇杷花无花果炖鹧鸪汤

霜降是秋季最后一个节气，预示着岭南地区已进入深秋气候。此时虽早、晚有凉爽的秋意，但更主要的还是燥气，也即是通俗所讲的"秋燥"了。枇杷花无花果炖鹧鸪汤可以有效预防肺胃燥盛所致的口干咽燥、眼鼻干涩、干咳少痰、胃热口臭、肠燥便秘、皮肤干痒等秋燥症状。

绝大多数花类的药性属于中性或者偏凉，入心、肺经，主走上焦。枇杷花药性平和，有清肺润燥、化痰止咳的功效；鲜品的无花果甘润清甜，既可以当水果生吃，亦可当作应季食材煲汤使用，取其清润生津、益胃补脾之用；鹧鸪平和补益，建议小孩可以多食用，有健脾益气、化痰补虚的食疗功效。

这款靓汤汤味清润甘甜，汤性平和有益，不温不寒，主要适用于预防秋燥和补益肺脾之用，尤其适合老人和儿童饮用。

制作

1. 将干品枇杷花洗净、稍浸泡；鲜无花果洗净后"十"字剖开；鹧鸪宰洗干净，飞水后斩大块；猪瘦肉洗净，飞水后切小方块状；

2. 将所有主料共入炖盅内，加入清水 1250 毫升左右（约 5 碗水）；

3. 加盖后隔水炖 3 小时左右，进饮时加入适量食盐温服。

主料

干品枇杷花 15 克

鲜无花果 80 克（干品 40 克）

鹧鸪 1 只

猪瘦肉 100 克

生姜 2 片

枇杷花

无花果

分量
3~4 人份

功效
预防秋燥
补益肺脾

分量
3~4 人份

功效
滋润肺燥
清化热痰

桑白皮川贝双杏仁炖猪肺汤

霜降节气是呼吸系统疾病的高发时节。从中医的角度来看，秋燥之邪更易通过口鼻呼吸道侵入人体肺部，所以最近不少人有咳嗽气紧的症状，再加上秋天燥火盛亦容易导致人的咽喉、鼻腔等有干燥，甚至咯血、鼻出血等症状。

桑白皮是一种常用的泻肺、止咳、平喘药材，性味甘寒，可清肺中伏火。现代药理学研究发现，桑白皮还有辅助降血压和抗炎作用。

这个汤选用的是川贝母而非浙贝母，因为川贝更加偏于润肺之功，临床多用于肺热燥咳、干咳少痰、阴虚劳嗽、咳痰带血等症。

双杏仁即南杏仁和北杏仁，均有化痰止咳的功效。南杏仁味甘，擅长甘润化燥而润肺化痰；北杏仁味苦，擅长破壅开达而化痰宣肺。用作药膳食疗常常两者合用以加强功效。

再加上补肺止咳的猪肺，这款汤以滋润肺燥、清化热痰为主，既可清肺之燥热，又可补肺之阴津不足；既可镇咳，又可祛痰，是标本同治之药膳汤品。

主料

桑白皮 15 克

川贝母 6 克

猪肺 400g 克　　　　生姜 1 片

北杏仁 15 克

南杏仁 15 克

制作

1. 将药材稍冲洗干净；将连着猪肺的喉管套在水龙头上，一边灌水一边轻拍猪肺，用力搓，并倒去肺中污水，反复搓洗数次，直至猪肺变白，之后挤干水，将猪肺切成大块，不下油用铁锅慢火炒干，最后将猪肺切片备用。
2. 将所有主料一起放入炖盅内，加入清水 1250 毫升左右（约 5 碗水）。
3. 加盖后隔水炖 2 个小时左右，进饮时加入适量食盐调味即可温服。

黑蒜头炖白肺汤

寒露过后，气温逐渐下降，昼夜温差大，体质虚弱的人在这时候就很容易受寒感冒。在临床上，体虚人士感冒或者感冒初期往往是外感风寒多见。中医认为，风寒外邪最易侵袭人体肺脏而出现"风寒袭肺"的证候，症见咽痒怕风、咳嗽声重、痰白稀薄，伴鼻塞、流清涕等。黑蒜头炖白肺汤能有效辅助治疗风寒感冒或者风寒袭肺所致的咳嗽咳痰等病症。

黑蒜又名发酵黑蒜，是用新鲜生蒜，带皮在发酵箱里发酵 60~90 天后制成的食品。黑蒜中的微量元素含量较高，味道酸甜，无蒜味，而且食后口中无蒜臭，这些特点是普通大蒜所不具备的。现代药理研究发现，大蒜能够杀死引起感冒和流行性感冒的病毒及细菌。

白肺即猪肺，本身有润肺补肺的作用；而生姜在这汤中虽然是佐料之一，但我们加重它的分量，皆因生姜味辛，性微温，有发汗解表、温肺止咳的药效，适用于外感风寒、痰饮、寒咳等证，在本汤饮中是黑蒜头的"得力干将"。

制作

1. 将黑蒜头去外壳；猪腱子肉洗净，飞水后切小方块状。
2. 将连着猪肺的喉管套在水龙头上，一边灌水一边轻拍猪肺，用力搓，并倒去肺中污水，反复搓洗数次，直至猪肺变白，之后晾干水，将猪肺切成大块，不放油用铁锅慢火炒干，然后将猪肺切片备用。
3. 将所有主料放入炖盅内，加入清水1250毫升左右(约5碗水)。
4. 加盖后隔水慢炖 2 小时左右，进饮时加入适量食盐调味即可温服。

主料

黑蒜头 3 颗
猪肺 400 克
猪腱子肉 100 克
生姜 4 片

黑蒜头

猪肺

分量
3~4 人份

功效
散寒解表
温肺止咳

苹果胡萝卜马蹄煲猪腱子肉汤

霜降节气之后正是秋意最浓之时，秋高气爽、风干物燥，非常需要一款秋日润燥汤来养生保健之用。而水果汤是广东汤很出名的一种汤，清甜滋润且色香味俱全，特别受到老年人和儿童的喜爱。

苹果营养丰富、口感酸甜，含有丰富的糖类、有机酸、果胶、微量元素、维生素和水溶性纤维等物质。从中医食疗的角度来看，苹果食性平和，几乎男女老少皆宜，以它入汤可以起到滋阴润燥、补益气血的功效。

胡萝卜和马蹄是广东汤常用的食材，一年四季可见，在夏秋季食疗中使用频率尤其高。胡萝卜和苹果搭配对润肠通便和美容养颜大有帮助；马蹄和苹果搭配有助于生津开胃、下火润燥。

用苹果、胡萝卜、马蹄搭配滋阴润燥、补虚损、健脾胃功效的猪腱子肉，不温不寒，汤味清润甘甜，做秋日应季的保健养生汤水功效显著，汤中再加点生姜还可以对抗胃寒，使得这款霜降节气汤品的适用人群更广，尤其适合时下老人和儿童调理防病之用。

制作

1. 将各物清洗干净；苹果削皮后"十字"切开，去除果芯；胡萝卜削皮后切成大块；马蹄削皮后对半切开；猪腱子肉洗净，切成块后飞水备用。
2. 将所有主料放入瓦煲内，加入清水 2000 毫升左右（约 8 碗水）。
3. 用武火煮沸后改文火慢熬 1.5 小时左右，进饮时加入适量食盐调味即可温服。

主料

苹果

马蹄

苹果 2 个（约 500 克）
胡萝卜 500 克
马蹄 10 个
猪腱子肉 600 克
生姜 2 片

分量
3~4 人份

功效
益肺开胃
润燥生津

分量
3~4 人份

功效
清热养阴
润燥止咳

海底椰银耳木瓜百合炖猪瘦肉汤

进入深秋，秋燥的症状越来越明显了，尤其是打工一族，工作压力比较大，经常要熬夜，饮食又不规律，最容易出现虚火上炎的症状，表现为口干鼻燥、咽喉肿痛、心烦失眠、大便干燥等。为避免这种虚火对身体造成太大的影响，秋燥化热证候应该及时处理。要缓解这种病症，建议用辛凉甘润的治法。

海底椰是一种常用的汤料，以清燥热、止咳功效显著而闻名，且具有滋阴补肾、润肺养颜、强壮身体的作用，还具有一定美容养颜的功效。

雪耳同样是一种清润、滋阴、降燥的优质食材。它富含天然植物性胶质，长期服用可以有效润肤，对抗秋天常见的秋燥犯肺所造成的皮肤干燥症状。雪耳中的膳食纤维还能够促进人体胃肠蠕动，减少脂肪吸收，从而达到纤体减肥的效果。

入秋后，用木瓜煲汤最适合了，因为它清润、香滑、可口，性平，味甘，不寒不燥，润而不燥热，香而能补益。汤谱中还加入了百合，因它能安心定胆、养五脏。秋燥时人经常心烦气躁、情志抑郁，这对身体进补会造成很负面的影响，多食百合能有效舒缓情绪，起到安神助眠的作用。

它们合而为汤，汤品甘甜鲜美，符合辛凉甘润的治法，能有效缓解秋燥所致的虚火上炎的病症。

 主料

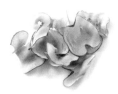

海底椰 20 克

干品雪耳 20 克

干品百合 20 克

木瓜 300 克

猪瘦肉 250g

生姜 2 片

制作

1. 将所有主料清洗干净；猪瘦肉飞水后切成块状；木瓜削皮，去核，切块状；干品雪耳用温水浸泡开后去蒂，撕成小朵。
2. 将所有主料一起放入炖盅内，加入清水 1250 毫升左右（约 5 碗水）。
3. 加盖后隔水炖 2 小时左右，进饮时加入适量食盐温服即可。

黄精赤小豆煲乳鸽汤

霜降时节气候渐冷，昼短夜长。在这段时间，人的手脚易凉、后背易冷，这是气血遇寒，循环不畅所致。这种情况多见于有心血管疾病的中老年人，尤其在早、晚气温较低时常会有胸闷隐痛或者心悸心慌的表现。推荐一款有补益心阴、利湿降脂功效药膳——黄精赤小豆煲乳鸽汤。

现代医学研究表明，黄精的主要成分有黄精多糖、天冬氨酸、氨基酸等，这些物质均能够提高人体免疫力水平和血管韧性，有降血压、降血糖、降血脂、防止动脉硬化等作用。

用乳鸽肉来搭配，是因为乳鸽骨内含有丰富的软骨素和支链氨基酸、精氨酸，有改善血液循环的功效。而且乳鸽肝中含的胆素能促进人体对血液中胆固醇的利用，可以帮助人体防治动脉硬化和心血管疾病。

再加上健脾利湿、有辅助降三高（高血糖、高血脂、高尿酸）作用、有利于增强机体免疫功能的赤小豆合而为汤，便有辅助治疗气阴两虚兼痰湿内蕴型冠心病、心律失常、高脂血症的功效，还可以起到一定的防中风的作用。

制作

1. 将所有主料清洗干净；乳鸽斩大块后飞水；赤小豆隔夜浸泡；陈皮浸泡软后刮去白囊。
2. 将所有主料一起放入瓦煲内，加入清水 2000 毫升左右（约 8 碗水）。
3. 先用武火煮沸，再改文火慢熬 2 小时左右，进饮时加入适量食盐调味温服。

主料

黄精

黄精 20 克

赤小豆 50 克

乳鸽 2 只

陈皮 5 克

猪瘦肉 100 克

生姜 2 片

分量
3~4 人份

功效
补益心阴
利湿降脂

鲜牛蒡胡萝卜玉米素汤

在岭南地区，秋冬交替之际，气温虽然有所下降，但还未真正入冬。这种气候会影响人体内环境，表现出遇寒的同时心里却会有燥热的感觉，这是"秋行夏令"的结果。面对这种气候，饮食上仍然要以清润滋补为主，期间可以进饮一些应季的素汤，可以清内热、降燥火。

牛蒡为近年来兴起的药食兼之的植物，现代营养学分析，其肉质根富含蛋白质、多种维生素、矿物质元素和菊科植物中特有的菊糖。日本学者认为，牛蒡可消除和中和有害人体健康的"活性氧"，而"活性氧"不仅是致癌的物质，也是导致动脉硬化和老化的物质之一。因此秋冬季适量常服牛蒡还可有效防治心脑血管疾病。

胡萝卜富含多种维生素、植物纤维等营养物质，具有祛痰、消食、除胀、润肠通便和下气益胃的作用。玉米性平味甘，能调中健脾、补益胃肠。

三者搭配，合而煲汤饮用，汤味清甜甘润，汤性凉而不寒，共奏滋阴润燥、清热降火的作用。

制作

1. 将各主料清洗干净；胡萝卜削皮后切成小块；玉米切成小段；鲜牛蒡削皮后切成厚片状。
2. 将所有主料一起放入瓦煲内，加入清水 2500 毫升左右（约 10 碗水）。
3. 先用武火煮沸，再改文火慢熬 1.5 小时左右，进饮时加入适量食盐调味即可温服。

主料

鲜牛蒡 250 克

鲜牛蒡

胡萝卜 500 克

玉米 500 克

玉米

分量
3~4 人份

功效
滋阴润燥
清热降火

鲜芦笋莲子煲猪瘦肉汤

芦笋的原产是地中海沿岸和小亚细亚地区，在西方被誉为"十大名菜之一"，它的蛋白质和维生素的含量都高于一般水果和蔬菜，有调节代谢、提高人体免疫力的功效。芦笋味甘、性寒，归肺、胃经，有清热泻火、生津利水的功效，还有低糖、低脂肪、高纤维素和高维生素的特点，对于秋季易上火的肥胖人群来说，多食好处多多。而且芦笋有鲜美芳香的风味，丰富的膳食纤维又使它柔软可口，入汤能帮助人体消化，有一定的消脂减肥的作用。

鲜莲子在这个汤里面有两个作用，第一个是健脾胃、清胃火；第二个就是安神志、清心火。新鲜的莲子肉尤擅长益胃健脾、收敛安神；莲子心则性寒，清心、除烦、生津止渴功效更佳。

它们与清润补益的猪瘦肉合而为汤，是此时节老少皆宜的清心益胃、消脂通便的养生汤饮，多饮亦无妨。

制作

1. 将所有的主料清洗干净；鲜芦笋切段；带心鲜莲子稍稍浸泡；猪瘦肉飞水后切成大块状。
2. 将所有的主料一起放进瓦煲内，加入清水 2000 毫升左右（约 8 碗水）。
3. 用武火煮沸后改文火慢熬 1 小时左右，进饮时加入适量食盐调味即可温服。

主料

鲜芦笋 400 克
带心鲜莲子 150 克
猪瘦肉 400 克
生姜 2 片

芦笋

带心莲子

分量
3~4 人份

功效
清心益胃
消脂通便

千斤拔大枣煲鸡爪汤

秋冬换季降温的同时，往往令一些慢性骨骼肌肉疾病患者，例如风湿性关节炎或老年退行性骨关节病的患者旧患复发或症状加重，轻则关节酸痛乏力，重者步履困难、活动严重受限。千斤拔大枣煲鸡爪汤就可以帮助这类患者辅助治疗，有助于减轻关节痛苦，提高他（她）们的日常生活质量。

千斤拔别名金鸡落地、金牛尾等。千斤拔味甘、辛，性温，有祛风除湿、舒筋活络、强筋壮骨、消炎止痛的功效。多用于风湿痹症日久、肝肾俱虚之下肢酸软；或产后气血两虚之下肢痿软无力；或中风后遗之步履困难、双膝酸软乏力。

汤谱中还搭配了常用的秋冬煲汤佐料——大枣，一来可以补血养血、营养筋脉；二来红枣味甘，能调和汤味，让汤品的口感更佳。

鸡爪和猪尾龙骨以形补形，有强筋骨、补气力的作用。

他们合而为汤，是祛风除湿、舒筋活络、养血健骨的养生汤品。

制作

1. 将各主料洗净；大枣去核；猪尾龙骨斩块；鸡爪去硬膜及爪甲后与猪尾龙骨一起飞水。
2. 将所有主料放入瓦煲内，加入清水2000毫升左右（约8碗水）。
3. 用武火煮沸后改文火慢熬2小时左右，进饮时加入适量食盐调味即可温服。

主料

千斤拔 30 克
大枣 10 枚
鸡爪 6 只
猪尾龙骨 300 克
生姜 3 片

千斤拔

鸡爪

分量
3~4 人份

功效
祛风除湿
舒筋活络
养血健骨

分量
3~4 人份

功效
滋阴益肺
养血美肤

滋补美容花胶甜汤

中医认为,气血是人体脏腑功能运作正常的基础物质,气血充足了,脏腑功能才能维持正常。所以,秋冬季节,女人要想活出与众不同的自己,要想展现出光彩照人的靓丽气质,就必须使肺气充足、精血旺盛。

花胶含有较多的高黏性胶体蛋白质和黏多糖物质,中医认为它有很好的养血滋阴、润肺健脾、补肾益精的功效。

在补肺益肺方面,本汤品中选用了南北杏仁。但需注意的是,南杏仁量多,北杏仁量少,这是因为南杏仁味甜,功效偏于宣肺润燥;而北杏仁味苦,擅长降肺化痰。此外,为加强养血护肤的功效,本汤品还加入了红豆、当归、大枣,均有益气健脾、养血补虚的功效。

现时秋燥当令,冰糖可以作为药引直达肺经,起到甘润清燥的作用,而且甜汤更易被女性朋友接受和喜爱。

主料

花胶 150 克　　　红豆 100 克　　　当归 5 克　　　南杏仁 20 克

北杏仁 10 克　　　大枣 6 枚

制作

1. 将红豆隔夜浸泡;花胶洗净后用姜和热水浸泡约 6 小时,之后剪成小块;当归和南、北杏仁打成粉状;大枣去核;
2. 将所有主料放入瓦煲内,加入清水 2000 毫升左右(约 8 碗水)。
3. 先用武火煮沸,之后改文火慢熬 1 小时左右, 根据个人口味调入适量冰糖温服即可。

雪百果滋润汤

从中医角度上说，霜降节气在南方气候最大的特点是"燥"邪当令，而燥邪最容易伤肺伤胃。此时期人们的体液蒸发较快，因而常出现咽喉肿痛、口干咽燥、头晕目眩、干咳少痰等症状，甚至会出现毛发明显脱落和大便秘结等症状。所以此节气养生的重点是养阴防燥、润肺益胃，饮食要以滋阴润燥为主。推荐一款清燥滋阴、生津止渴的广东经典食疗汤方——雪百果滋润汤。

雪百果其实就是雪梨、百合和罗汉果的简称。罗汉果性味甘凉，有清热凉血、生津止咳、滑肠排毒、润肺化痰等功效；百合药食两用，性味甘寒，归肺、心经，具有养阴润肺止咳、清心除烦安神之效，常用于肺阴虚之燥热咳嗽和心火扰心所致的烦躁失眠；雪梨是秋季当季水果，有很好的清润益肺的食疗效果。

再搭配上枸杞子，此款甜汤甘润清甜，简单易做，兼顾滋养肺阴、心阴、胃阴、肝阴和肾阴，是一款大众化的男女老少日常节气养生甜汤，多饮无妨。

制作

1. 将各主料洗净；雪梨削皮、去核，切成 2 厘米大小方块状。
2. 将所有主料放入瓦煲内，加入清水 1500 毫升左右（约 6 碗水）。
3. 先用武火煮沸，之后改文火慢熬 1 小时即可温服。

主料

罗汉果 20 克
百合 40 克
枸杞子 15 克
雪梨 2 个

罗汉果

雪梨

分量
3~4 人份

功效
清燥滋阴
生津止渴

柚皮白萝卜煲猪排骨汤

柚子皮是中药化橘红的原材料,在广东民间常入菜、入汤之用,有很好的理气化痰、健胃消食功效。可惜的是,大家平时吃柚子,往往把柚子皮当做食品垃圾扔掉,其实稍微加工一下就可以变废为宝,烹饪成一道味美效佳的食疗汤品。

俗话说"冬吃萝卜,夏吃姜"。白萝卜是秋冬季节常用的应季蔬菜,其色白,归肺、脾经,味甘、辛,性平,有下气、消食、理气润肺、解毒生津、利尿通便的功效。建议大家秋冬季不妨多熟食白萝卜,有很好的养生保健功效。

本汤品还选用鲜柚皮,并且用刀削去青黄色硬皮部分,这层表皮硬且味苦涩,不宜入汤食用,我们仅保留柚皮"棉絮"状白囊部分,并且入汤前还要飞水后使用,这样煲出来的汤品在保留食疗功效的同时,也把柚皮的苦涩味道降到最低。

柚皮白萝卜煲排骨汤简单易做,可以帮助大家在深秋的时候增强体质。

制作

1. 将各主料洗干净;白萝卜洗净,削皮后切成大块;猪排骨洗净,斩段后飞水;

2. 将柚子皮洗净,用刀削去青黄色硬皮部分,切成小块后飞水,之后捞起挤干水分,再用清水浸泡备用;

3. 将所有主料放入瓦煲内,加入清水2000毫升左右(约8碗水)。

4. 先用武火煮沸,之后改文火慢熬1.5小时左右,进饮时加入适量食盐调味即可温服。

主料

柚子皮 150 克
白萝卜 600 克
猪排骨 400 克
蜜枣 2 枚
生姜 2 片

柚子皮

蜜枣

分量
3~4 人份

功效
理气化痰
和胃消食

分量
3~4 人份

功效
养肺阴
清燥火
利咽喉

倒扣草罗汉果煲猪肺汤

秋日的滋润不同于冬日的滋补，所用之物不能过于滋腻和温补，故选择的均是清润之物，务求滋阴润燥而不碍脾胃之运化，清润香甜而引人食欲。这时最宜养肺阴、清燥火、利咽喉。

提到润肺利咽，自然就会联想到罗汉果、猪肺等常用广东汤材料。我们就以这些大众化的药食两用之品设计一款既养生滋润又甘甜可口的应季药膳汤饮，那就是倒扣草罗汉果煲猪肺汤。

倒扣草为南方主产的草药之一，性寒，味苦、辛，有清热解毒、利水活血的功效，主治感冒、发热、痢疾、疟疾、咽喉肿痛、脚气、淋痛、水肿和跌打损伤。罗汉果更是民间熟悉的食药两用之品，有利咽、清肺、止咳、润燥之功。现搭配上同样有益肺润肺功效的猪肺合而为汤，其养肺阴、清燥火、利咽喉的食疗功效更加显著，而且汤品清润甘甜而不寒凉，一家老少咸宜，是霜降节气之后广东家庭常用的一款养生节气靓汤。

主料

罗汉果 1~3 个　　　　猪肺 500 克　　　　猪瘦肉 150 克　　　　生姜 3 片

倒扣草 50 克

制作

1. 将各物分别洗净；倒扣草稍浸泡，装入煲汤袋中，扎紧袋口；猪瘦肉洗净，飞水后切成块状。

2. 将猪肺的气管口对准水龙头灌水，并反复挤洗，洗去血水和杂质，待猪肺颜色转淡后，切小块，放入锅里充分煮熟、余水，之后用冷水多次冲洗并挤干肺内水分，最后切成片状备用。

3. 将所有主料一起放入瓦煲内，加入清水 2500 毫升左右（约 10 碗水）。

4. 先用武火滚沸，之后改文火慢煲约 2 小时，弃药渣，进饮前加入适量食盐调味即可温服。猪瘦肉和猪肺可捞起拌酱油佐餐食用。

分量
3~4 人份

功效
壮腰补肾
健脾益气

风栗核桃煲鸡爪汤

　　每年 10 月底～11 月初正是北方板栗成熟采摘，南下供应市场的季节。所以我们以应季的板栗为原材料设计一款秋冬转换的时令养生靓汤——风栗核桃煲鸡爪汤。

　　中医养生中讲究随时令滋补，这种果肉金灿灿的大个栗子不仅美味可口而且营养丰富，还有养胃健脾、补肾强筋之功效，正好用来煲汤饮用。明代《本草纲目》赞誉其有"治肾虚，腰脚无力"之功。

　　核桃为药食两用之品，中医亦认为它有补肾固精、补脑益智、温肺止咳、益气养血、润肠通便、补肝乌发的功效，对神经衰弱、头昏眼花、肾亏腰痛、头发早白、病产后体虚等有辅助治疗作用。

　　鸡爪性微温，含有大量的钙质以及骨胶原蛋白，多吃可以软化血管，还可以滋润肌肤，有助于人体皮肤抵御燥邪的侵害。

　　以健脾补肾的风栗配以健脑益智的核桃、强健筋骨的鸡爪一起入汤，汤味鲜美甘润且可口开胃，还有壮腰补肾、健脾益气之功，为秋末冬初之际的大众化家庭靓汤，且男女老少皆宜。

主料

风栗肉 150 克

核桃肉 50 克

鸡爪 10 只

猪瘦肉 150 克

陈皮 10 克

生姜 3 片

制作

1. 将各物分别清洗干净；风栗肉对半切开；陈皮浸泡软后刮去白囊；鸡爪对半切，用刀背敲裂。
2. 将所有主料一起放入瓦煲内，加入清水 2500 毫升左右（约 10 碗水）。
3. 用武火滚沸后改文火慢煲约 2 小时，进饮时加入适量食盐调味即可温服。

附录：靓汤常用食材与药材

靓汤常用食材

豆类

富贵豆

红腰豆

眉豆

干货类

剑花干

白菜干

淡菜

桂花

海参花

海底椰

黑蒜

花胶

墨鱼干

鱿鱼干

沙虫干

瑶柱

水果类

鲜无花果

竹蔗

腌制品

冬菜

阴菜

瓜蔬类

白瓜   百花菜   迟菜   大芥菜   大薯

番薯叶   粉葛   枸杞叶   鸡爪芋   节瓜

辣椒叶   马蹄   蒲瓜   青榄   沙葛

水瓜   鲜百合   佛手瓜   鲜莲蓬   玉米笋

芫荽

禽畜类

鸡肾   鸭心   鹧鸪   猪横脷   猪小肚

覃菌类

虫草花   姬松茸   鲜草菇   鲜鸡枞菌   干品竹荪

海鲜水产类

白贝　　草鱼骨　　草龟　　富贵虾　　蛤蜊

鲩鱼骨　　黄骨鱼　　黄沙蚬　　金鼓鱼　　泥猛鱼

山斑鱼　　石斑鱼　　笋壳鱼　　鲐鱼　　蚬肉

靓汤常用药材

安神药

茯神

补气药

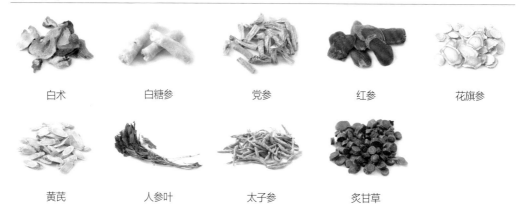

白术　　白糖参　　党参　　红参　　花旗参

黄芪　　人参叶　　太子参　　炙甘草

补血药

当归

龙眼肉

南枣

熟地黄

补阳药

海龙

海马

鹿茸

肉苁蓉

盐补骨脂

益智仁

养阴药

北沙参

枸杞

龟板

黑枸杞

黄精

麦冬

生地

石斛

天冬

玉竹

消食药

炒谷芽

炒麦芽

鸡内金

山楂

祛风湿强筋骨药

续断

桑枝

千斤拔

桑寄生

五加皮

化痰止咳药

北杏仁

桔梗

罗汉果

南杏仁

枇杷花

桑白皮

活血化瘀药

川芎

丹参

三七

郁金

解表药

柴胡

干品薄荷

鲜薄荷

鲜桑叶

紫苏叶

祛湿药

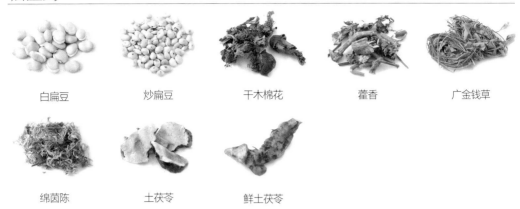

白扁豆　　　炒扁豆　　　干木棉花　　　藿香　　　广金钱草

绵茵陈　　　土茯苓　　　鲜土茯苓

清热药

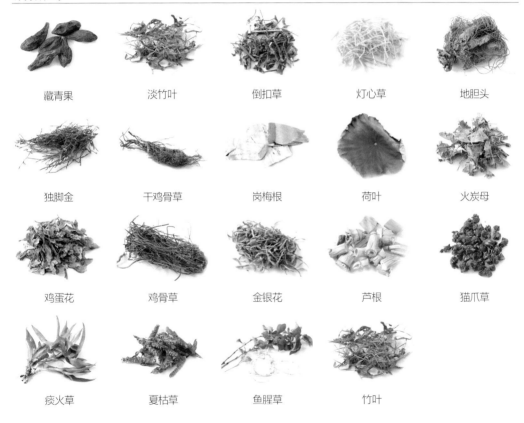

藏青果　　　淡竹叶　　　倒扣草　　　灯心草　　　地胆头

独脚金　　　干鸡骨草　　　岗梅根　　　荷叶　　　火炭母

鸡蛋花　　　鸡骨草　　　金银花　　　芦根　　　猫爪草

痰火草　　　夏枯草　　　鱼腥草　　　竹叶

利水渗湿药

鲜车前草　　　玉米须　　　云苓　　　泽泻　　　猪笼草

润下通便药

火麻仁

决明子

理气药

陈皮

甘松

砂仁

固精缩尿药

金樱子

芡实

固表止汗药

浮小麦